Ankita Agarwal
Ruchi Mishra

Isolamento e Caracterização de Estevióis de Stevia Rebaudiana

Ankita Agarwal
Ruchi Mishra

Isolamento e Caracterização de Estevióis de Stevia Rebaudiana

Isolamento dos principais glicosídeos de esteviol das folhas secas de Stevia Rebaudiana Bertoni

ScienciaScripts

Imprint

Any brand names and product names mentioned in this book are subject to trademark, brand or patent protection and are trademarks or registered trademarks of their respective holders. The use of brand names, product names, common names, trade names, product descriptions etc. even without a particular marking in this work is in no way to be construed to mean that such names may be regarded as unrestricted in respect of trademark and brand protection legislation and could thus be used by anyone.

Cover image: www.ingimage.com

This book is a translation from the original published under ISBN 978-620-2-09474-0.

Publisher:
Sciencia Scripts
is a trademark of
Dodo Books Indian Ocean Ltd. and OmniScriptum S.R.L publishing group

120 High Road, East Finchley, London, N2 9ED, United Kingdom
Str. Armeneasca 28/1, office 1, Chisinau MD-2012, Republic of Moldova, Europe
Printed at: see last page
ISBN: 978-620-7-97066-7

ÍNDICE

1. INTRODUÇÃO

A estévia (*Stevia rebaudiana* Bertoni) é uma erva natural, adoçante de baixas calorias. Embora existam mais de 180 espécies da planta stevia, apenas *a Stevia rebaudiana* dá a essência mais doce devido ao facto de estas folhas acumularem glicosídeos diterpénicos doces (Soejarto *et al.*, 1983). O esteviosídeo é um dos principais glicosídeos diterpénicos com uma doçura 250-300 vezes superior à da sacarose. As folhas de estévia em bruto e o pó verde de ervas são 10-15 vezes mais doces do que a sacarose (Crammer *et al.*, 1986).

1.1   Classificação botânica

Reino: Plantae

Ordem: Asterales

Família: *Asteraceae*

Género: *Stevia*

Espécies: *rebaudiana, ovata*, etc.

1.2   Introdução geral

Nome Botânico: *Stevia rebaudiana*

Nome comum: Folha de rebuçado, estévia, planta açucareira da América do Sul, erva doce.

Nome em inglês: Stevia, folha doce

Partes utilizadas: As folhas desta erva são cultivadas e colhidas para serem utilizadas como adoçante, bem como pelas suas propriedades medicinais.

Origem: Nativa da América do Sul subtropical e tropical, América Central e México. Na Índia, encontra-se em Himachal Pradesh, Punjab, Karnatka, Bengala Ocidental, Tamilnadu, etc.

1.3   Distribuição e ocorrência

A espécie sul-americana *Stevia rebaudiana* (Bertoni) é uma planta economicamente importante. A planta *Stevia rebaudiana* Bertoni, pertencente à família Compositae, é nativa da América do Sul subtropical e tropical, da América Central, do México, do Japão, etc. e é utilizada para adoçar bebidas e alimentos há vários séculos. Na Índia, encontra-se em Himachal Pradesh, Punjab, Karnatka, Bengala Ocidental, Tamilnadu, etc. Na Índia, foi simultaneamente encontrada em Pune e Banglore. Nos últimos anos, a estévia tem sido cultivada com sucesso em muitas zonas do Rajastão, Maharashtra, Kerela e Orissa. A procura crescente de adoçantes naturais levou os agricultores da Índia a cultivar estévia em grande escala (Soejarto *et al.*, 1982). A planta *S. rebaudiana* é a fonte de vários compostos de sabor doce bem conhecidos. *A utilização de S. rebaudiana* como adoçante comercial, especialmente pela indústria alimentar japonesa, levou a uma extensa investigação fitoquímica dos constituintes da planta. Até à data, foram identificados mais de 100 compostos desta espécie. Os mais conhecidos são os glicosídeos diterpenóides ent-Kaurene de sabor doce, particularmente o esteviosídeo e o rebaudiosídeo A (Kinghorn *et al.*, 1985 e Hanson *et al.*, 1993). Os esteviosídeos são utilizados para substituir a sacarose em certos países, como o Japão e a Coreia, mas foram sujeitos a legislação governamental restritiva, passada ou presente, noutros países, como o Reino Unido e os Estados Unidos. As ervas e especiarias mais importantes do mundo são conhecidas, descritas, catalogadas e utilizadas por diversas populações desde há vários séculos, mas aqui está uma das plantas mais maravilhosas do mundo que passou despercebida até ao início deste século.

1.4 Morfologia

As folhas de *S. rebaudiana* têm cerca de 5 cm de comprimento e 2 cm de largura e são plantadas transversalmente, de frente uma para a outra, como se mostra na Figura 1. Na natureza, a altura da planta varia de 40 a 80 cm, mas quando cultivada, a estévia pode atingir 1 metro de altura. A estévia pode ser cultivada em solos relativamente pobres. As plantas podem ser utilizadas para produção comercial durante 6 anos, durante os quais, cinco vezes por ano, é efectuada uma colheita da parte da planta que se encontra acima do solo. As raízes permanecem no local e a planta regenera-se de novo. As plantas, com 1 metro de altura, têm um peso seco de 70 gramas em média. O peso seco das folhas pode variar de 15 a 35 gm por planta. *A S. rebaudiana* tem diferentes concentrações de glucósidos, ao mesmo tempo que é adequada para diferentes condições climáticas (Brandle *et al.*, 1992 e Soejarto *et al.*, 1983).

Figura 1: Folhas de *S. rebaudiana*

É uma planta de dias curtos, que cresce até 0,6 m na natureza e floresce de janeiro a março no hemisfério sul. A floração em condições de dias curtos deve ocorrer 54-104 dias após o transplante, dependendo da sensibilidade da cultivar à duração do dia (Figura 2). A estévia cresce naturalmente em solos inférteis, arenosos e ácidos, com lençóis de água pouco profundos. Isto acontece normalmente em áreas como a orla de matos e comunidades de prados. O clima natural é subtropical semi-húmido com temperaturas extremas de 21 a 43°C. A estévia cresce em áreas com até 1375 mm de chuva por ano (Metivier *et al.*, 1979).

Figura 2: Flores de *S. rebaudiana*

1.5 Composição química

As folhas de *S. rebaudiana* contêm nove glicosídeos de esteviol diferentes, sendo o principal constituinte o esteviosídeo (esteviol triglucosilado), constituindo 5-10% em folhas secas e rebaudiosídeo A, constituindo 2-4%, rebaudiosídeo C 1-2% e dulcosídeo A 0,5-1% em folhas secas. O poder adoçante de *S. rebaudiana* contém nove glicosídeos de esteviol diferentes dos da sacarose, como mostra a Tabela 1.

Os diferentes constituintes da *S. rebaudiana* são

1. Esteviosídeo

2. Esteviolbiósido

3. Rebaudiosídeo A

4. Rebaudiosídeo B

5. Rebaudiosídeo C (dulcosídeo B)

6. Rebaudiosídeo D

7. Rebaudiosídeo E

8. Rebaudiosídeo F

9. Dulcosídeo-A

Quadro 1: Poder adoçante dos glicosídeos de esteviol em relação à sacarose (Soliman 1997)

S. Não.	Nome	Adoçante	%
1	Esteviosídeo	250-300	60%
2	Esteviolbiósido	100-125	15%
3	Rebaudiosídeo A	300-450	25%
4	Rebaudiosídeo B	300-350	15%
5	Rebaudiosídeo C	50-120	15%
6	Rebaudiosídeo D	250-450	25%
7	Rebaudiosídeo E	150-300	15%
8	Rebaudiosídeo F	100-120	15%
9	Dulcosídeo A	50-120	15%

A hidrólise do esteviosídeo catalisada por enzimas produziu a aglicona esteviol. Enquanto que a hidrólise do esteviosídeo catalisada por ácido produziu isosteviol. O esteviosídeo contém um grupo hidroxilo fenólico ou ácido. A unidade de açúcar foi ligada através do grupo funcional ácido (Bridel *et al.*, 1931d, e).

1.6 Propriedades funcionais e sensoriais dos edulcorantes à base de glicosídeos de esteviol

Dos quatro principais edulcorantes glicosídeos diterpénicos doces presentes nas folhas de estévia, apenas dois, o esteviosídeo e o rebaudiosídeo A, têm as suas propriedades físicas e sensoriais bem caracterizadas. Os dados físicos e de solubilidade para os glicosídeos de esteviol das folhas de *S. rebaudiana* são apresentados na Tabela 2.

Quadro 2: Dados físicos e de solubilidade dos glicosídeos de esteviol das folhas de *S. rebaudiana* (Kinghorn *et al.*, 1985; Crammer *et al.*, 1987)

Composto	PM (^{0}C)	Rotação específica	M.W	Solubilidade em água (%)	Fórmula molecular	Cor
Esteviosídeo	196-198	-39.3	804	0.13	$C_{38}H_{60}O_{18}$	Cristalino branco
Esteviolbiósido	188-192	-34.5	642	0.03	$C_{32}H_{50}O_{13}$	Branco
Rebaudiosídeo A	242-244	-20.8	966	0.80	$C_{44}H_{70}O_{13}$	Branco
Rebaudiosídeo B	193-195	-45.4	804	0.10	$C_{38}H_{60}O_{18}$	Branco
Rebaudiosídeo C	215-217	-29.9	951	0.21	$C_{44}H_{70}O_{22}$	Branco
Rebaudiosídeo D	283-286	-22.7	1128	1.00	$C_{50}H_{80}O_{28}$	Branco
Rebaudiosídeo E	205-207	-34.2	966	1.70	$C_{44}H_{70}O_{23}$	Branco
Dulcosídeo A	193-195	-50.2	788	0.58	$C_{38}H_{60}O_{17}$	Branco

O esteviosídeo e o rebaudiosídeo A foram testados quanto à sua estabilidade em bebidas carbonatadas e verificou-se que eram estáveis ao calor e ao pH (Chang *et al.*, 1983). No entanto, o rebaudiosídeo A estava sujeito a degradação após exposição prolongada à luz solar (Kinghorn *et al.*, 1985). Estudos japoneses demonstram que o esteviosídeo é muito estável. O rebaudiosídeo A era o menos adstringente, o menos amargo, tinha o sabor residual menos persistente e foi considerado como tendo os atributos sensoriais mais favoráveis dos principais glicosídeos de esteviol (Phillips 1989, Tanaka 1997, Dubois *et al.*, 1984). O rebaudiosídeo A é menos amargo do que o esteviosídeo e demonstrou que as notas amargas do esteviosídeo e do rebaudiosídeo A são uma propriedade inerente dos compostos. Relativamente a outros edulcorantes de elevada potência, como o aspartame, o amargor tende a aumentar com a concentração tanto do esteviosídeo como do rebaudiosídeo A (Schiffman *et al.*, 1994). A comparação entre a estévia e os edulcorantes sintetizados comuns é apresentada na Tabela 3.

Tabela 3: Comparação entre a estévia e os adoçantes sintetizados comuns (Soliman 1997)

Propriedades	Aspartame	Ciclamato	Sacarina	Stevia	Acesulfame-K
Processo	Sintético	Sintético	Sintético	Natural	Sintético
Doçura potência	200	30	250	200	150
Estabilidade térmica	Relativo	Estável	Estável	Estável	Estável
Estabilidade do pH	Relativo	Estável	Estável	Estável	Estável
Solubilidade em álcool	Não	Não	Não	Sim	Relativo
Estabilidade na cozedura	Relativo	Sim	Sim	Sim	Sim
Sensação bucal efeito	Não	Não	Não	Sim	Não

1.7 Dosagem

A Food Standards Australia and New Zealand (FSANZ) emitiu um relatório de avaliação final em agosto de 2008, afirmando que a agência estabeleceu uma DDA total de 4 mg/kg de peso corporal/d e recomendou a aprovação dos glicosídeos de esteviol como aditivo alimentar em categorias alimentares específicas (http://www.foodstandards.gov.au/standardsdevelopment/).

1.8 Vantagens da stevia

As principais vantagens da estévia são as seguintes (Kinghorn *et al.*, 1985)

1. Trata-se de um produto totalmente natural e não sintético.

2. O esteviosídeo não contém absolutamente nenhuma caloria.

3. As folhas podem ser utilizadas no seu estado natural.

4. Graças ao seu enorme poder adoçante, só é necessário utilizar pequenas quantidades.

5. A planta não é tóxica.

6. As folhas, bem como o extrato puro de esteviosídeo, podem ser cozinhados.

7. Sem sabor residual ou amargo.

8. Estável quando aquecido até 200 graus.

9. Não fermentativo e intensificador de sabor.

10. Clinicamente testado e frequentemente utilizado por seres humanos sem efeitos negativos.

11. Adoçante ideal e não viciante para as crianças.

12. Esteviosídeo

O esteviosídeo é um glicosídeo do derivado diterpénico esteviol (ent-13-hidroxi-kaur-16- en-19-aoicicd) obtido a partir das folhas de um arbusto paraguaio e utilizado como adoçante alimentar.

Vantagens do esteviosídeo

As principais vantagens do esteviosídeo são as seguintes (Leung *et al.*, 1996)

1. O esteviosídeo é um adoçante natural sem açúcar e sem calorias que é especialmente útil para pessoas diabéticas, propensas a infecções fúngicas ou que estão a tentar perder alguns quilos extra controlando as calorias.

2. O esteviosídeo não tem efeitos sobre o nível sanguíneo, o que o torna ideal para pessoas hipoglicémicas.

3. O sabor doce do esteviosídeo não é afetado pelo calor, o que o torna perfeito para utilização em bebidas quentes e em todos os tipos de pastelaria.

4. O esteviosídeo é altamente estável em ácidos de frutos, pelo que os vinagres de frutos são facilmente adoçados com este notável edulcorante.

5. Nas sobremesas, o esteviosídeo não acrescenta a riqueza ou a humidade da maioria dos edulcorantes de alto teor calórico; por conseguinte, não parece ter as mesmas qualidades de produção de humidade no corpo, o que o torna potencialmente um bom edulcorante para as pessoas com excesso de peso ou para as que sofrem de candida mucosa, edema e outros sinais de humidade.

6. O esteviosídeo é não fermentável, intensificador de sabor, anti-placa, anti-cárie e não tóxico.

7. Extensivamente utilizado durante quase 30 anos por seres humanos sem efeitos adversos.

8. O esteviosídeo é muito mais barato do que a sacarose na aplicação efectiva.

1.10 Esteviolbiósido

O esteviolbiosídeo é um dos glicosídeos associados presentes na planta da estévia. Está geralmente presente nas preparações de glicosídeos de esteviol em níveis inferiores aos do esteviosídeo ou do rebaudiosídeo A.

Vantagens do esteviolbiosídeo

As principais vantagens do esteviolbiosídeo são as seguintes

1. Controla a tensão arterial elevada.

2. Verifica os níveis de açúcar no sangue.

3. Ajuda a perder peso e a reduzir o desejo de comer alimentos gordos.

4. Melhora a digestão e as funções gastrointestinais e alivia as perturbações do estômago.

5. As suas propriedades anti-bacterianas ajudam a prevenir pequenas doenças e a curar pequenas feridas.

1.11 Aspectos de segurança da stevia

Uma das indicações mais óbvias da segurança da stevia é o facto de nunca ter havido quaisquer relatos de efeitos nocivos em mais de 1500 anos de uso contínuo pelos paraguaios. Uma indicação semelhante de segurança é a observação de que, apesar de mais de dez anos de uso generalizado de esteviosídeo como agente adoçante no Japão, anos em que literalmente dezenas de toneladas de esteviosídeo foram ingeridas, não foi relatado um único relatório de efeitos colaterais de qualquer tipo. Compare-se este registo com o do aspartame, que é a fonte número um de queixas de consumidores de alimentos apresentadas à FDA. Testes de segurança mais elaborados foram efectuados pelos japoneses durante as suas avaliações da estévia como possível agente adoçante. Poucas substâncias apresentaram resultados tão consistentemente negativos em ensaios de toxicidade como a stevia. Quase todos os testes de toxicidade imagináveis foram realizados com o extrato de stevia ou com o esteviosídeo, numa altura ou noutra. Os resultados são sempre negativos.

Não foram detectadas alterações de peso, ingestão de alimentos, caraterísticas das células ou das membranas, utilização de enzimas e substratos ou caraterísticas cromossómicas. Não foram observados cancros, defeitos congénitos, efeitos adversos agudos ou crónicos. Um exemplo de um bom ensaio toxicológico foi o realizado em 1985 por Yamada e colaboradores. Estes administraram esteviosídeo e rebaudiosídeo A a ratos durante dois anos, na proporção de 0,3 a 1% da sua dieta. Os animais foram depois sacrificados e os investigadores efectuaram testes bioquímicos, anatómicos, patológicos e carcinogénicos em 41 órgãos após a autópsia. Além disso, efectuaram análises hematológicas e de urina contínuas nos mesmos animais. Cada um dos animais foi comparado com um animal de controlo que recebeu exatamente o mesmo tratamento, com exceção da estévia. No final, os sintomas e alterações observados pela equipa de investigação não variaram entre os grupos e não foram observados efeitos dose-resposta, mesmo na dose mais elevada (1%), o que equivale a 125 vezes a dose média diária de edulcorantes que um ser humano normal necessitaria.

O esteviosídeo, embora seja um edulcorante natural intenso, não é cariogénico; a utilização de esteviosídeo em tumores cutâneos em ratos inibiu o efeito promotor da inflamação induzida quimicamente. Utilização da stevia na regulação da tensão arterial. O esteviosídeo oral é uma modalidade bem tolerada e eficaz que pode ser considerada como uma terapia alternativa ou suplementar para pacientes com hipertensão. Os terapeutas naturais utilizam a stevia há muitos anos para regular os níveis de tensão arterial. De acordo com um relatório de 28 de junho de 2002 na emissora nacional da Austrália, a erva pode ser tomada em forma de gotas com as refeições, trazendo os níveis de glicose no sangue para perto do normal. A erva pode ajudar na perda de peso ao reduzir o apetite e pode ser usada para suprimir o desejo de fumar e beber álcool. A folha de Stevia também contém várias vitaminas e minerais, incluindo vitaminas A e C, zinco, rutina, magnésio e ferro. A estévia tem sido usada na América do Sul há anos como tratamento para a diabetes. Também foi sugerido que pode ajudar as pessoas a deixarem de tomar insulina. Tem sido utilizada topicamente em cancros da pele. A estévia é utilizada para o cuidado da pele. Pode ser aplicada para melhorar o aspeto da pele e as perturbações cutâneas, incluindo dermatite, eczema e seborreia.

1.12 Aspectos toxicológicos da stevia

Num relatório conjunto do Comité de Peritos em Aditivos Alimentares da FAO/OMS (JECFA 2000) sobre o esteviosídeo, é referido que, nos ratos, o esteviosídeo não é facilmente absorvido a partir do intestino superior, mas é hidrolisado na aglicona, o esteviol, antes de ser absorvido pelo intestino. Verificou-se que os efeitos do esteviol apresentaram uma maior toxicidade aguda do que o esteviosídeo em hamsters. O esteviol foi claramente genotóxico (danifica o ADN) após a ativação metabólica, incluindo mutações genéticas e aberrações cromossómicas em fibroblastos pulmonares de hamsters chineses, incluindo estudos de toxicidade crónica e carcinogenicidade (Yasukawa *et al.*, 2002) e possíveis efeitos no sistema reprodutor masculino que poderiam afetar a fertilidade (Melis 1999).

1.13 Propriedades herbais e medicinais de *S. rebaudiana*

Apesar da proeminência que a estévia obteve como adoçante sem calorias e intensificador de sabor, contém uma variedade de constituintes para além dos esteviosídeos e rebaudiosídeos. Isto inclui os nutrientes acima especificados e uma boa quantidade de esteróis, triterpenos, flavonóides, taninos e um óleo volátil extremamente rico que inclui proporções ricas de aromáticos, aldeídos, monoterpenos e sesquiterpenos. Estes e outros constituintes, ainda não identificados, têm provavelmente algum impacto na fisiologia humana e podem ajudar a explicar algumas das utilizações terapêuticas da estévia. A estévia também tem propriedades medicinais. Se utilizar uma preparação da planta verdadeira (e não o esteviosídeo), poderá obter outros benefícios para além da redução de calorias. A investigação científica demonstrou que é benéfica para regular os níveis de açúcar no sangue, colocando-os dentro dos valores normais. Também é utilizado como um auxiliar digestivo. Como produto de cuidado da pele, tem sido utilizado para limpar manchas, apertar a pele para remover rugas, curar feridas na boca e tratar uma variedade de feridas. Também tem sido utilizado para tratar eczema, seborreia e dermatite. Apenas como suplemento dietético à base de plantas. A stevia demonstrou ser uma ajuda excecional na gestão do peso. Outros benefícios da adição de stevia à tua dieta diária podem incluir a melhoria da digestão e da função gastrointestinal, o alívio de dores de estômago e uma recuperação mais rápida de doenças ligeiras (Soejarto *et al.*, 1982). Foram feitas investigações científicas noutros países que utilizam a stevia regularmente. Alguns indicam que a stevia regula eficazmente o açúcar no sangue e o leva a um equilíbrio normal. É vendida na América do Sul como uma ajuda para pessoas com diabetes e hipoglicémia. Outros estudos indicam que a estévia tende a baixar a tensão arterial elevada, sem afetar a tensão arterial normal. Está também a ser investigada como substância antibacteriana (Suzuki *et al.*, 1977).

Do ponto de vista farmacêutico, o segredo do sucesso da stevia é uma molécula complexa chamada esteviosídeo. (glucose + soforose + esteviol = um glicosídeo Esteviosídeo).

O esteviosídeo não afecta o metabolismo do açúcar no sangue. Sim, parte desta molécula complexa é glicose; no entanto, quase não contém calorias (os extractos de estévia não são calóricos). É recomendado e aprovado como suplemento alimentar pela FDA. Para além do esteviosídeo, foram identificados até à data oito outros constituintes de sabor doce da *S. rebaudiana*. Os processos de extração foram pioneiros e patenteados pelos japoneses. São os rebaudiosídeos A, B, C, D e E, os dulcosídeos A, B e o esteviolbiosídeo. Atualmente, a maioria dos produtos de estévia é processada por onze grandes fabricantes que formaram a associação japonesa de estévia. A investigação japonesa tem sido bastante extensa e não deve ser ignorada quando se examina a questão da segurança dos produtos de stevia.

2. MÉTODOS ASSOCIADOS À INVESTIGAÇÃO DOS GLICOSÍDEOS DE ESTEVIOL

2.1 EXTRACÇÃO

Extração de material vegetal

O método de remoção/separação de um ou mais constituintes de um sólido, líquido ou gás por meio de um solvente ou mistura de solventes é designado por extração.

Foram utilizadas técnicas convencionais e modernas para extrair os produtos naturais das plantas, que incluem

Técnicas de extração convencionais

As técnicas de extração convencionais requerem mais tempo do que as técnicas de extração modernas.

Tipos de técnicas de extração convencionais: As técnicas de extração convencionais são as seguintes

Extração com solventes orgânicos

- Percolação

- Maceração

- Extração Soxhlet

Extração com água

- Infusão

- Decocção

- Destilação a vapor

Técnicas de extração modernas

Nas técnicas de extração modernas, é necessário menos tempo do que no método de extração convencional.

- Extração por ultra-sons

- Extração assistida por micro-ondas

- Extração de líquido pressurizado

- Extração com fluido supercrítico

Vantagens dos métodos de extração modernos em relação aos métodos convencionais

1. Maior eficiência de extração

2. Aumento dos rendimentos

3. Tempos de extração mais curtos

4.   2 FRACCIONAMENTO

É o processo de separação dos diferentes componentes do extrato bruto, que são solúveis em solventes de polaridade variável, ou seja, não polares a polares. O extrato bruto da planta é particionado com diferentes solventes, dependendo da sua polaridade (hexano, clorofórmio, acetato de etilo, n-butanol e água).

5.   3 TÉCNICAS UTILIZADAS NA SEPARAÇÃO E ISOLAMENTO DOS GLICOSÍDEOS DE ESTEVIOL

As técnicas cromatográficas são utilizadas para a purificação e separação de vários compostos de diferentes fracções do extrato bruto da planta.

Cromatografia

A cromatografia (do grego "chromes" cor e "grafein" escrever) é a técnica de separação de misturas. Consiste em fazer passar uma mistura dissolvida numa fase móvel através de uma fase estacionária, que separa o analito a medir das outras moléculas da mistura e permite isolá-lo.

Tipos de cromatografia

1.   Cromatografia em papel

2.   Cromatografia em coluna

3.   Cromatografia de camada fina

4.   Cromatografia gasosa

5.   Cromatografia líquida

6.   Cromatografia de exclusão

7.   Cromatografia de permuta iónica

Nos laboratórios de ensino de química orgânica são utilizados quatro tipos de cromatografia:

CROMATOGRAFIA EM PAPEL

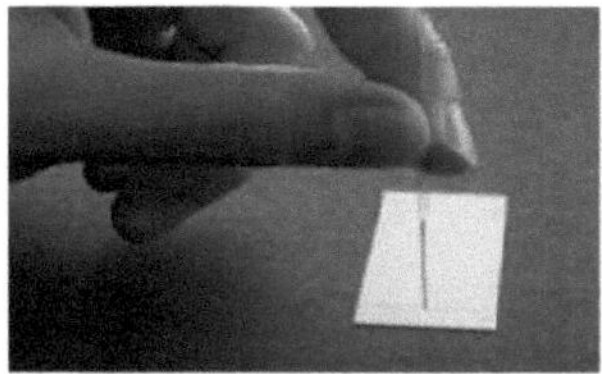

Figura 3: Cromatografia em papel

A cromatografia em papel é uma técnica analítica para separar e identificar misturas que são ou podem ser coloridas, especialmente pigmentos. A cromatografia em papel é uma técnica que consiste em colocar um pequeno ponto de solução de amostra numa tira de papel de cromatografia, como mostra a Figura 3. O papel é colocado num frasco contendo uma camada pouco profunda de solvente e selado. À medida que o solvente sobe através do papel, encontra a mistura de amostra que começa a subir pelo papel com o solvente. Os diferentes compostos da mistura de amostras percorrem distâncias diferentes, consoante a intensidade da sua interação com o papel. Após a revelação, as manchas correspondentes aos diferentes compostos podem ser localizadas através da sua cor, da luz ultravioleta, da ninidrina (hidrato de triketohidrindano) ou do tratamento com vapores de iodo. O papel que resta após a experiência é designado por cromatograma. Este permite o cálculo de um valor Rf e pode ser comparado com compostos padrão para ajudar na identificação de uma substância desconhecida.

CROMATOGRAFIA EM COLUNA

Na cromatografia em coluna, a fase estacionária, um adsorvente sólido, é colocada numa coluna vertical de vidro (normalmente) e a fase móvel, um líquido, é adicionada ao topo e flui para baixo através da coluna (por gravidade ou pressão externa), como se mostra na Figura 4. A cromatografia em coluna é geralmente utilizada como uma técnica de purificação: isola os compostos desejados de uma mistura.

Figura 4: Cromatografia em coluna

A mistura a analisar por cromatografia em coluna é aplicada no topo da coluna. O solvente líquido (o eluente) passa através da coluna por gravidade ou pela aplicação de pressão de ar (Still *et al.*, 1978). É estabelecido um equilíbrio entre o soluto adsorvido no adsorvente e o solvente eluente que desce pela coluna. Uma vez que os diferentes componentes da mistura têm interações diferentes com as fases estacionária e móvel, serão transportados com a fase móvel em graus variáveis e será obtida uma separação. Os componentes individuais, ou eluentes, são recolhidos à medida que o solvente escorre do fundo da coluna.

A cromatografia em coluna divide-se em duas categorias, consoante a forma como o solvente desce pela coluna. Se o solvente descer pela coluna por gravidade ou percolação, é designada por cromatografia em coluna gravítica. Se o solvente for forçado a descer pela coluna através de pressão de ar positiva, designa-se por cromatografia flash. O termo cromatografia flash foi cunhado pelo Professor W. Clark Still porque pode ser feito num "flash".

Adsorventes utilizados

O gel de sílica (SiO_2) e a alumina (Al_2O_3) são dois adsorventes normalmente utilizados em cromatografia em coluna. Estes adsorventes estão disponíveis em diferentes tamanhos de malha, conforme indicado por um número no rótulo do frasco: "sílica gel 60" ou "sílica gel 230-400" são alguns exemplos. Este número refere-se à malha da peneira utilizada para dimensionar a sílica, especificamente, o número de orifícios na malha ou peneira através da qual a mistura de partículas de sílica em bruto é passada no processo de fabrico. Se houver mais orifícios por unidade de área, esses orifícios são mais pequenos, permitindo assim que apenas as partículas de sílica mais pequenas passem pelo peneiro. A relação é a seguinte: quanto maior a dimensão da malha, mais pequenas são as partículas de adsorvente. O tamanho das partículas do adsorvente afecta a forma como o solvente flui através da coluna. As partículas mais pequenas (valores de malha mais elevados) são utilizadas para a cromatografia flash e as partículas maiores (valores de malha mais baixos) são utilizadas para a cromatografia gravítica. Por exemplo, o gel de sílica 70-230 é utilizado para colunas de gravidade e 230-400 mesh para colunas flash.

A alumina é mais frequentemente utilizada em cromatografia em coluna do que em TLC. A alumina é bastante sensível à quantidade de água que lhe está ligada: quanto maior for o seu teor de água, menos sítios polares tem para ligar compostos orgânicos e, por conseguinte, menos "pegajosa" é. Esta viscosidade ou atividade é designada como I, II ou III, sendo I a mais ativa. A alumina é normalmente adquirida como atividade I e desactivada com água antes de ser utilizada de acordo com procedimentos específicos. A alumina apresenta-se em três formas: ácida, neutra e básica. A forma neutra de atividade II ou III, 150 mesh, é a mais utilizada.

Solventes utilizados

A polaridade do solvente que é passado através da coluna afecta as taxas relativas a que os compostos se movem através da coluna. Os solventes polares podem competir mais eficazmente com as moléculas polares de uma mistura pelos locais polares na superfície do adsorvente e também solvatam melhor os constituintes polares. Consequentemente, um solvente altamente polar moverá rapidamente através da coluna mesmo as moléculas altamente polares. Se um solvente for demasiado polar, o movimento torna-se demasiado rápido, resultando numa separação reduzida ou nula dos componentes de uma mistura. Se um solvente não for suficientemente polar, nenhum composto será eluído da coluna. Assim, a escolha correta de um solvente de eluição é crucial para o sucesso da aplicação da cromatografia em coluna como técnica de separação. A TLC é geralmente utilizada para determinar o sistema para uma separação por cromatografia em coluna. Os solventes normalmente utilizados como fases móveis podem ser organizados de acordo com o seu poder de eluição crescente.

Éter de petróleo < Tetracloreto de carbono < Ciclo-hexano < Dissulfureto de carbono < Éter

<Acetona < Benzeno < Clorofórmio < Álcoois < Água < Piridina < Ácidos orgânicos

Análise de eluentes de coluna

Pequenas fracções do eluente são recolhidas sequencialmente em tubos rotulados e a composição de cada fração é analisada por cromatografia em camada fina.

CROMATOGRAFIA EM CAMADA FINA

A cromatografia em camada fina (CCF) é uma técnica cromatográfica utilizada para separar misturas. Envolve uma fase estacionária constituída por uma fina camada de material adsorvente, geralmente sílica gel, óxido de alumínio ou celulose, imobilizada numa folha de suporte plana e inerte, como se mostra na Figura 5.

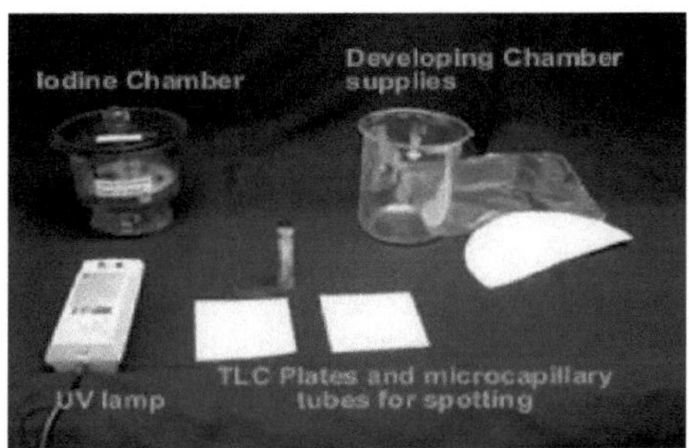

Figura 5: Cromatografia em camada fina

Uma fase líquida constituída pela solução a separar é então dissolvida num solvente adequado e é arrastada para cima da placa por ação capilar, separando a solução experimental com base na polaridade dos componentes do composto em questão. Permite também a otimização do sistema de solventes para um determinado problema de separação. A cromatografia em camada fina é uma técnica muito utilizada em química sintética para monitorizar a reação química e a pureza de pequenas quantidades do composto, sendo também muito mais rápida (Beyerinck *et al.*, 1889).

Material de revestimento

É conhecido um grande número de materiais de revestimento que são utilizados como adsorventes de camada fina. Os materiais de revestimento mais utilizados são o gel de sílica, a alumina, o pó de celulose, etc. O adsorvente não adere satisfatoriamente às placas de vidro. Para ultrapassar este problema, são adicionados aos adsorventes alguns aglutinantes como o $CaSO_4$, o amido hidratado, o dióxido de silício, etc.

Revestimento de placas de vidro

Existe um grande número de aplicadores disponíveis no mercado que são utilizados para revestir as placas de vidro com uma camada adsorvente de espessura uniforme. A maioria dos métodos utiliza o material de revestimento sob a forma de lama.

Ativação de adsorventes

Depois de fabricar as placas, o trabalho seguinte consiste em remover, tanto quanto possível, o líquido associado à camada. Isto é feito através da secagem da placa de camada fina durante 40-50 minutos ao ar e depois num forno a 110^0 c.

Aplicação da amostra na placa

Num TLC analítico, as soluções das amostras são aplicadas nas placas com a ajuda de capilares, micropipetas e micro-seringas. O solvente em que as substâncias estão dissolvidas é deixado evaporar. As soluções são aplicadas como manchas individuais numa fila ao longo de um dos lados da placa, a cerca de 2 cm do bordo.

Tanque de desenvolvimento

Trata-se de um frasco de forma retangular e o seu tamanho depende do tamanho da placa TLC utilizada. O fundo do recipiente deve estar na horizontal. O solvente deve ser levado até 1-2 cm, de modo a mergulhar um dos bordos da placa revestida. A cuba de revelação deve ser bem tapada com uma tampa, para que a câmara de revelação fique perfeitamente saturada de vapores e para que a polaridade do solvente não se altere durante a revelação da placa.

Desenvolvimento da placa

Após a aplicação da amostra, a placa é colocada no tanque de revelação, fazendo um ângulo de 45° com o fundo do tanque e fechando a tampa do tanque. Deixa-se a placa desenvolver-se até que o solvente tenha percorrido ½ a 2/3 do comprimento da placa. Após o desenvolvimento, a placa é retirada do tanque e seca.

Deteção de compostos

A placa seca é visualizada. Algumas manchas coloridas são vistas visualmente como indicadores de compostos. No entanto, podem ser visíveis manchas incolores sob UV ou após saturação com vapor de iodo ou pela aplicação de agentes de visualização, ou seja, reagentes de pulverização.

TLC preparatória

A TLC é também utilizada como ferramenta preparativa nos casos em que não é possível obter separações difíceis por outros métodos ou se as propriedades do material a fracionar não permitirem o manuseamento de grandes quantidades. A TLC de adsorção tem sido utilizada em certa medida para fins preparativos. Esta CCD é efectuada com grandes placas de 40 x 20 cm e 100 x 20 cm, conforme proposto. O gel de sílica G é o material de revestimento mais adequado para a CCD analítica. As camadas de 0,5-2,00 mm são geralmente preparadas utilizando aplicadores especiais. No entanto, a eficiência da separação diminui à medida que a espessura das camadas aumenta. Por conseguinte, a espessura não deve exceder 1 mm, de modo a eliminar a sobreposição de fracções devido a diferenças nas taxas de migração entre as duas fases. A solução que contém a amostra é pulverizada sobre a linha de partida. O fracionamento pode ser conseguido utilizando um único solvente ou uma mistura de solventes de polaridade diferente numa proporção adequada. As substâncias separadas por TLC preparativa podem ser raspadas das placas com uma espátula ou uma lâmina de barbear.

CROMATOGRAFIA LÍQUIDA DE ALTA EFICIÊNCIA (HPLC)

A cromatografia líquida de alta eficiência é uma técnica de separação cromatográfica em que a separação é efectuada por partição entre uma fase móvel (solvente) e um material de coluna estacionário. A HPLC difere de outros tipos de cromatografia líquida, (Li *et al.*, 2006) na medida em que são utilizados materiais de embalagem de partículas pequenas e uniformes. O tamanho pequeno das partículas confere uma elevada eficiência à coluna, o que também resulta numa elevada queda de pressão através das colunas, pelo que são utilizadas pressões mais elevadas para atingir os caudais desejados. Por conseguinte, é também designada por cromatografia líquida de alta pressão (Figura 6).

Equipamento: A instrumentação básica de HPLC inclui

1.   Reservatórios de fase móvel

2.   Módulo de desgaseificação do eluente

3. Bombas de distribuição de solventes

4. Injetor manual/automático

5. Coluna analítica

6. Detetor

7. Processador de dados

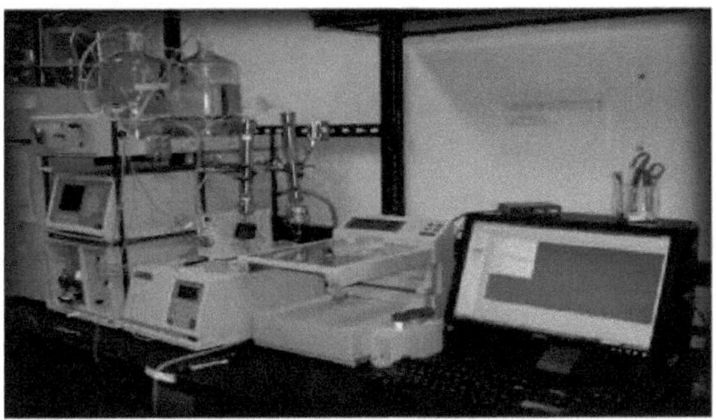

Figura 6: Cromatografia líquida de alta eficiência

8. 4 TÉCNICAS DE ELUCIDAÇÃO DA ESTRUTURA

TÉCNICAS ESPECTROSCÓPICAS

As diferentes técnicas espectroscópicas utilizadas para a caraterização dos compostos são as seguintes:

ESPECTROSCOPIA NO ULTRAVIOLETA E NO VISÍVEL (UV-VIS)

Gama (200 - 800 nm)

Trata-se de uma técnica espectroscópica que se refere à absorção de luz por uma determinada molécula na região ultravioleta do espetro eletromagnético. O espetro de UV é um gráfico do comprimento de onda de absorção versus a intensidade de absorção. Aqui a transição está associada a níveis electrónicos de átomos e moléculas, pelo que também se designa por espetroscopia eletrónica.

Informações transmitidas pelos espectros UV-Vis

1. Insaturação nos compostos.

2. Presença de grupos carbonilo.

3. As moléculas com ligações múltiplas apresentam uma absorção com maior comprimento de onda do que as moléculas saturadas.

4. Além disso, a intensidade da cor do composto está diretamente relacionada com a sua concentração.

ESPECTROSCOPIA DE RESSONÂNCIA MAGNÉTICA NUCLEAR (NMR)

Trata-se de uma técnica espectroscópica utilizada para caraterizar as propriedades nucleares dos elementos, os desvios químicos dos protões em substituintes nas moléculas ou dos protões associados a ligações duplas em hidrocarbonetos cíclicos e não cíclicos, e os desvios químicos dos isótopos (por exemplo, carbono, azoto, fósforo, boro, silício e flúor). A Ressonância Magnética Nuclear é um ramo da espetroscopia em que as ondas de radiofrequência incluem a transição entre níveis de energia magnética de núcleos num campo magnético. Sem o campo magnético, os estados de spin dos núcleos são degenerados, ou seja, possuem a mesma energia e a transição de níveis de energia não é possível. Quando um campo magnético é aplicado, os níveis separados e a radiação de radiofrequência podem causar transições entre esses níveis de energia (Gan *et al.*, 1997).

Os protões com um ambiente químico ou eletrónico idêntico ressoam a uma frequência de rádio específica e produzem sinais (picos) em relação ao padrão interno, ou seja, o tetrametilsilano (TMS).

Informações transmitidas pelos espectros de RMN

1. Estrutura esquelética da molécula orgânica como um todo.

2. Ambiente protónico da molécula.

3. Número relativo de protões presentes na molécula

4. Região aromática.

Descrição funcional do instrumento

Os instrumentos de RMN podem ser classificados em instrumentos de absorção e instrumentos de indução. No tipo de absorção, é normalmente utilizado um circuito em ponte para detetar a absorção de energia de radiofrequência de uma bobina que envolve a amostra. No tipo de indução, são utilizadas duas bobinas em ângulo reto. A energia é absorvida pelas bobinas emissoras para orientar os núcleos. Esta orientação induz uma tensão nas bobinas receptoras.

Para cada tipo de espetrofotómetro, os requisitos são os seguintes

i. Íman

ii. Varrimento do campo magnético

iii. Transmissor (fonte de radiofrequência)

iv. Sistema de Deteção e Registo de Sinais

v. O suporte de amostras

vi. Gravador

ESPECTROSCOPIA DE MASSA

A técnica microanalítica da espetrometria de massa tornou-se um dos instrumentos mais valiosos e eficazes na elucidação da estrutura dos produtos naturais. Os espectros de massa podem ser registados a partir de quantidades de amostra muito reduzidas ($10 - 10^{-6-10}$ g) e deles se obtém uma grande quantidade de informação estrutural. Trata-se do exame dos fragmentos caraterísticos (iões) resultantes da quebra da molécula orgânica quando esta é exposta a um feixe de electrões de alta energia (Stobiecki *et al.*, 2000). Um espetro de massa é a representação gráfica da abundância relativa dos iões em função da sua relação massa/carga. É diferente das outras formas de espetroscopia, na medida em que não diz respeito a interações não destrutivas entre moléculas e radiação electromagnética. Em vez disso, envolve a produção e separação de moléculas ionizadas e dos seus produtos de decomposição iónica e, finalmente, a medição das abundâncias relativas dos diferentes iões produzidos. Trata-se, portanto, de uma técnica destrutiva, na medida em que a amostra é consumida durante a análise. O espetro de massa de cada composto é único e pode ser utilizado como uma impressão digital química para caraterizar a amostra. No entanto, é necessária uma volatilidade suficiente de um composto se for aplicado o método mais comum, a espetrometria de massa com bombardeamento de electrões. Os grupos funcionais polares e os elevados pesos moleculares dos produtos naturais impedem frequentemente o registo dos seus espectros de massa com este método. A volatilidade, no entanto, pode ser frequentemente aumentada através de modificações químicas simples, como a metilação, a trimetilsililação ou a trifluroacetilação. Em contraste com a espetrometria de massa convencional, um método desenvolvido mais recentemente, a espetrometria de massa por dessorção em campo, permite o estudo de moléculas polares de peso molecular muito elevado, sendo, por conseguinte, muito atrativo para a química dos produtos naturais.

Fundamentos do espetrómetro de massa

Os átomos podem ser deflectidos por campos magnéticos - o átomo é primeiro transformado em ião. As partículas eletricamente carregadas são afectadas por um campo magnético, mas as eletricamente neutras não o são. A sequência é:

Fase 1: Ionização

Fase 2: Aceleração

Fase 3: Deflexão

Fase 4: Deteção

Informações transmitidas pela espetroscopia de massa

1.   Peso molecular do composto

2.   Grupos funcionais

Todas as técnicas espectroscópicas acima mencionadas fornecem informações úteis para revelar a identidade do composto/molécula natural.

3. REVISÃO DA LITERATURA

2.1 QUÍMICA DOS GLICOSÍDEOS DE ESTEVIOL

A planta *S. rebaudiana* é a fonte de vários compostos de sabor doce bem conhecidos. O interesse na utilização de *S. rebaudiana* como adoçante comercial, especialmente pela indústria alimentar japonesa, levou a uma extensa investigação fitoquímica dos constituintes da erva. Até à data, foram identificados mais de 100 compostos desta espécie. Os mais conhecidos são os glicosídeos diterpenóides ent-Kaureno de sabor doce, particularmente o esteviosídeo e o rebaudiosídeo A (Kinghorn *et al.*, 1985 e Hanson *et al.*, 1993).

Diterpenóides

ent-Kaurene : Vários produtos naturais foram isolados de *S. rebaudiana*, os mais conhecidos são os diterpenóides, especificamente os glicosídeos ent-kaurene de sabor doce.

As folhas de *S. rebaudiana* contêm nove glicosídeos de esteviol diferentes.

1. Esteviosídeo

No início dos anos 30, 56 publicaram uma importante série de trabalhos sobre os constituintes químicos da *S. rebaudiana*. Obtiveram o glicosídeo cristalino, esteviosídeo, a partir de um extrato alcoólico de *S. rebaudiana*, e descobriram que era 300 vezes mais doce do que a sacarose. Através de experiências de hidrólise, estes trabalhadores demonstraram que o esteviosídeo é um glicosídeo que contém três unidades de açúcar e identificaram cada uma delas como D-glucose, (Figura 7) e propuseram a seguinte equação para a reação de hidrólise (Bridel *et al.*, 1931e).

$$C_{38}H_{60}O_{18} + 3H_2O = C_{20}H_{30}O_3 + 3C_6H_{12}O_6$$

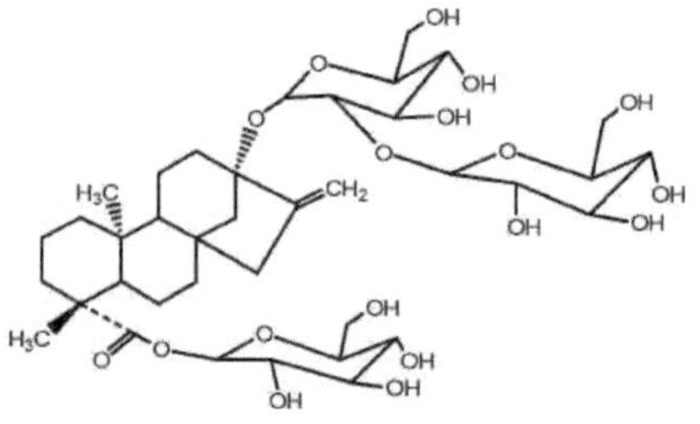

Figura 7: Estrutura química do esteviosídeo

A partir das suas experiências de hidrólise, (Bridel *et al.*, 1931d, e) mostraram que a hidrólise do esteviosídeo catalisada por enzimas produzia a aglicona esteviol, enquanto a hidrólise do esteviosídeo catalisada por ácido produzia isosteviol. O esteviol e o isosteviol foram considerados fracamente ácidos. O esteviosídeo contém um grupo hidroxilo fenólico ou ácido. A unidade de açúcar foi ligada através do grupo funcional ácido. O rendimento de esteviosídeo das folhas secas de S. rebaudiana pode variar muito, de cerca de 5-22% do peso das folhas secas, o esteviosídeo também foi encontrado nas flores de *S. rebaudiana* em concentrações mais baixas.

2.   Esteviolbiósido

A saponificação do esteviosídeo com uma base forte produziu esteviolbiosídeo. Embora o esteviolbiosídeo tenha sido identificado em certos extractos de *S. rebaudiana*, considera-se geralmente que se trata de um procedimento de isolamento e não de um glicosídeo natural (Kim *et al.*, 1991) (Figura 8).

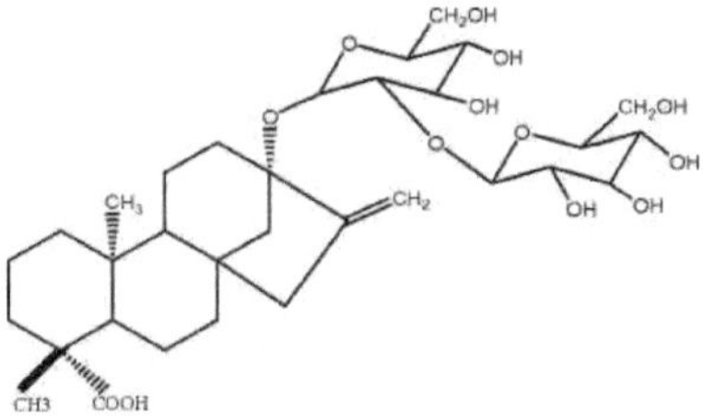

Figura 8: Estrutura química do esteviolbiosídeo

3.   Rebaudiosídeo A e rebaudiosídeo B

O rebaudiosídeo A foi obtido a partir de uma extração metanólica das folhas de *S. rebaudiana*, com um rendimento de 1,4%. O rebaudiosídeo A é o mais doce dos glicosídeos de ent-caureno isolados de *S. rebaudiana,* sendo aproximadamente 300-450 vezes mais doce do que a sacarose, enquanto o rebaudiosídeo B é aproximadamente 300-350 vezes mais doce do que a sacarose (crammer *et al.*, 1986). O rebaudiosídeo A é o segundo ent-Kaureno mais abundante encontrado nas folhas de *S. rebaudiana*. O rebaudiosídeo A tem um sabor mais agradável e é mais solúvel em água do que o esteviosídeo (Crammer *et al.*, 1987) (Figura 9 e 10).

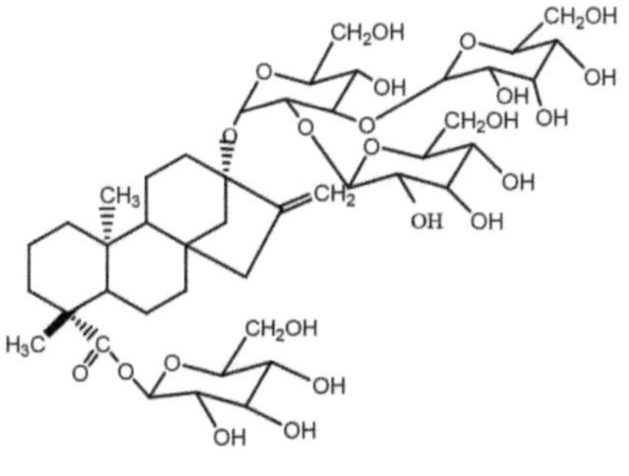

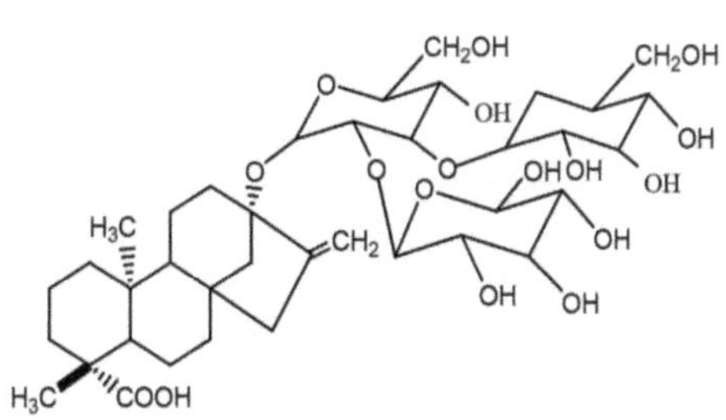

Figura 9: Estrutura química do Figura 10: Estrutura química do rebaudiosídeo A rebaudiosídeo B

4.   Rebaudiosídeo C, rebaudiosídeo D e rebaudiosídeo E

Extração em metanol das folhas de *S. rebaudiana,* três glicosídeos ent-Kaurene menores, rebaudiosídeo C-E, foram também isolados por Tanaka e colaboradores (Sakamoto *et al.*, 1977a, b) com rendimentos de 0,4%, 0,03% e 0,03%. A estrutura do rebaudiosídeo D foi confirmada pela sua preparação a partir do rebaudiosídeo B e a do rebaudiosídeo E foi confirmada pela sua preparação a partir do esteviolbiosídeo (Sakamoto *et al.*,

1977b) (Figura 11, 12 e 13).

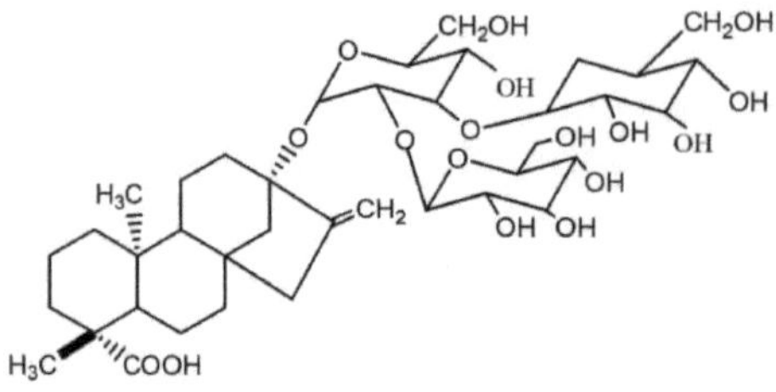

Figura 11: Estrutura química do rebaudiosídeo C

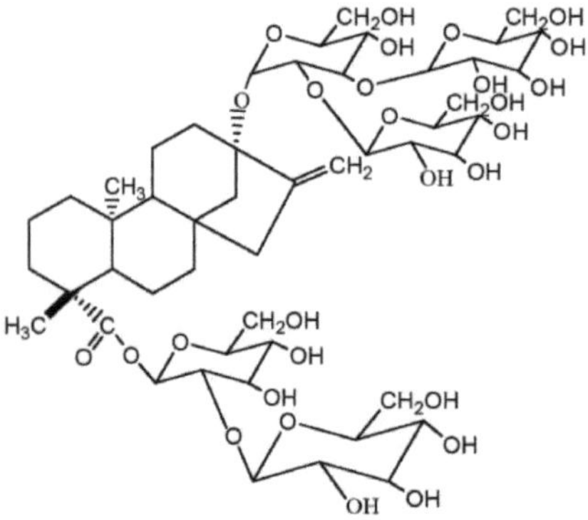

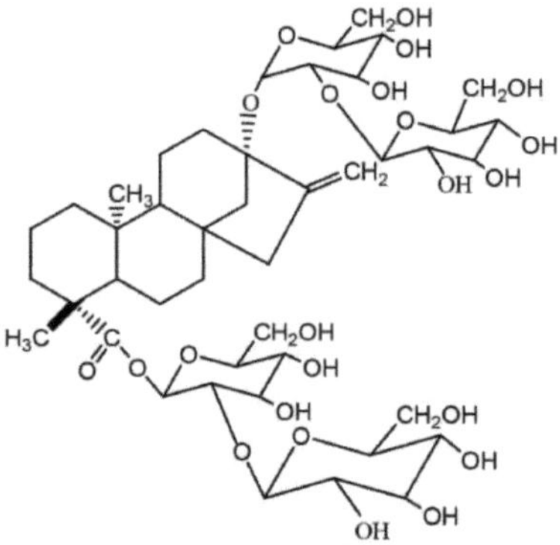

Figura 12: Estrutura química do Figura 13: Estrutura química do rebaudiosídeo D do rebaudiosídeo E

5. Dulcosídeo A e dulcosídeo B

Isolamento de dois glicosídeos ent-Kaurene menores de *S. rebaudiana*, que eles chamaram de dulcosídeo A e B. O dulcosídeo B (Kobayashi *et al.*, 1977) é idêntico ao rebaudiosídeo C (Sakamoto *et al.*, 1977b). Verificou-se que o esteviosídeo e o rebaudiosídeo A correspondem ao dulcosídeo A e ao rebaudiosídeo C, respetivamente, com os grupos glucosil do primeiro substituídos no segundo por grupos ramnosil (Kobayashi *et al.*, 1977).

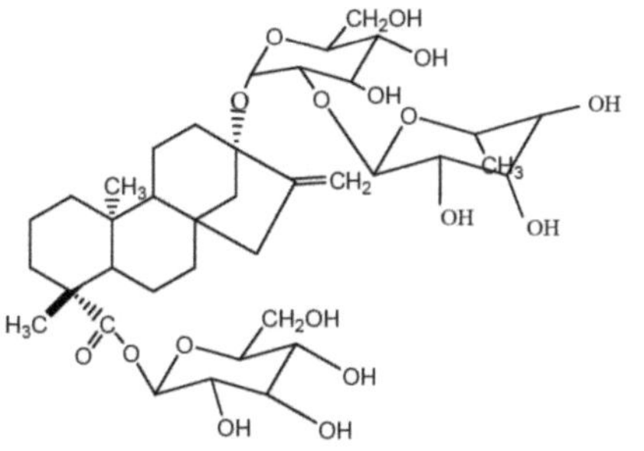

Figura 14: Estrutura química do dulcosídeo A

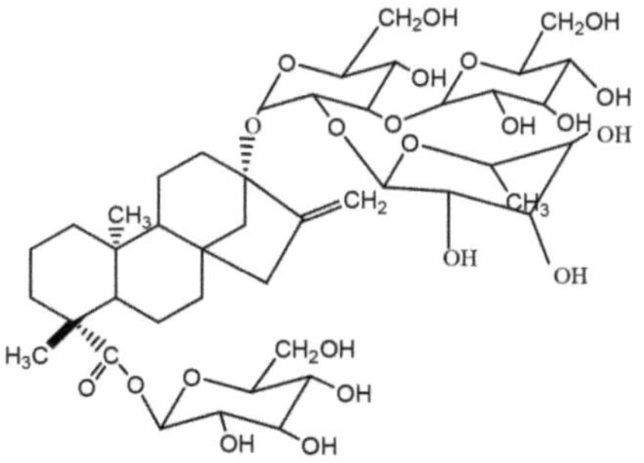

Figura 15: Estrutura química do dulcosídeo B

Esta substituição ramnosil diminui a intensidade da doçura dos glicosídeos de esteviol, com o dulcosídeo A e o rebaudiosídeo C sendo apenas cerca de um décimo do esteviosídeo ou rebaudiosídeo A, respetivamente (Kobayashi *et al.*, 1977) (Figura 14 e 15). A presença dos glicosídeos de ent-Kaureno de sabor doce foi relatada nas folhas, caule e flores de *S. rebaudiana*, mas não em suas raízes (Tanaka 1982).

Labdane

Para além dos diterpenos ent-Kaurene, foram identificados vários diterpenos do tipo labdano em *S. rebaudiana*. Dois diterpenos labdanos conhecidos, jhanol e austroinulina e um novo diterpeno, 6-O-acetillaustroinulina foram isolados de um extrato metanólico de folhas de *S. rebaudiana* (Sholichin *et al.*, 1980). (Figura 16 e 17)

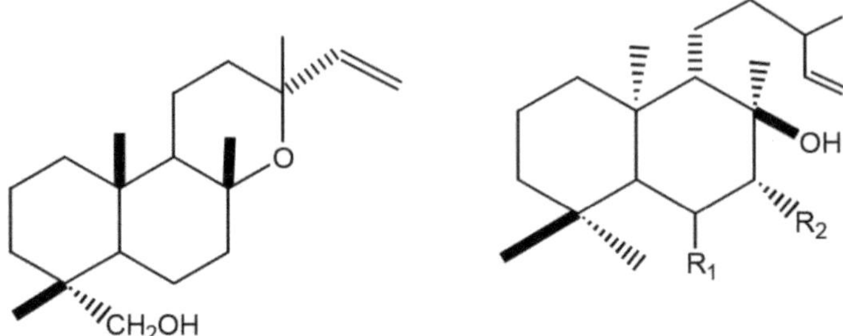

Figura 16: Jhanol Figura 17: (R1,R2=OH=Austroinulina) (R1=OAc, R2=OH=6-O- **Acetil-Austroinulina**)

Os constituintes diterpenóides das flores de *S. rebaudiana* foram examinados e o jhanol, austroinulina e 6-O-acetillaustroinulina foram identificados, juntamente com um novo labdano, 7-O-acetillaustroinulina com rendimentos de 0,04, 0,21, 0,18 e 0,08% respetivamente (Darise *et al.*, 1983).

Flavonóides

A análise do conteúdo de flavonóides das folhas de *S. rebaudiana* (Rajbhandari *et al.*, 1983) resultou na identificação de seis glicosídeos flavonóides na fração de acetato de etilo. As folhas de *S. rebaudiana* contêm nove flavonóides diferentes (Figura 18 e Tabela 4).

Figura 18: Estrutura geral dos flavonóides

Quadro 4: As folhas de *S. rebaudiana* contêm nove flavonóides diferentes

Composto	Ri	R2	R3	R4	R5
Apigenina4-O-glucósido	H	H	OH	H	Glc
Kaempferol 3-O-rhamnoside	Rha	H	OH	H	OH
Luteolina7-O-glucósido	H	H	Glc	OH	OH
3-O-arabinósido de quercetina	Ara	H	OH	OH	OH
Quercetina 3-O-glucósido	Glc	H	OH	OH	OH

Quercetina 3-O-ramnosídeo	Rha	H	OH	OH	OH
Centaureidina	OMe	OMe	OH	OH	OMe
Apigenina 7-O-glucósido	H	H	Glc	H	OH
3-O- rutinosídeo de quercetina	Centeio	H	OH	OH	OH

2.2 ANÁLISE DE GLICOSÍDEOS DITERPÉNICOS DOCES POR DIFERENTES MÉTODOS CROMATOGRÁFICOS

Recentemente, no ano de 2001, Kolb et al. desenvolveram o método HPLC para a análise de glicosídeos diterpénicos doces de *S. rebaudiana*. Muitos métodos analíticos foram aplicados para a separação e quantificação dos glicosídeos diterpénicos doces das folhas de S. rebaudiana. (Mizukami *et al.*, 1982) quantificaram o esteviosídeo por hidrólise enzimática seguida de um método químico após uma hidrólise enzimática. (Sakaguchi *et al.*, 1982) quantificaram o teor total de glicosídeos por cromatografia gasosa após hidrólise ácida. Identificar os quatro glicosídeos mais abundantes: esteviosídeo, rebaudiosídeo A, sulcosídeo A e rebaudiosídeo C por cromatografia em camada fina.

Para a quantificação do esteviosídeo, do esteviolbiosídeo, do rebaudiosídeo A, B, C, D e E e do dulcosídeo, alguns trabalhadores desenvolveram um método de cromatografia líquida de alta resolução (HPLC):

(Hashimoto *et al.*, 1978) aplicaram colunas hidrofílicas para a determinação dos componentes da estévia. (Ahmed *et al.*, 1982) utilizaram a cromatografia de exclusão de tamanho para a separação e quantificação por cromatografia líquida de alta eficiência do esteviosídeo, do rebaudiosídeo A, B, C, D e E, do dulcosídeo A e do esteviolbiosídeo. (Ahmed *et al.*, 1980) utiliza colunas C18 e brometo de p-bromofenacilo para melhorar a deteção ultravioleta de ácidos orgânicos solúveis em água (esteviosídeo e rebaudiosídeo B) na análise por cromatografia líquida de alta resolução. Mais recentemente, utilizaram um método de eletroforese capilar para analisar glicosídeos de estévia (rebaudiosídeo A e esteviolbiosídeo) a partir de um HPLC semipreparativo. O objetivo deste trabalho de (Snyder *et al.*, 1988) é desenvolver um método alternativo de análise, que requer menos tempo e consumo de solvente, para determinar oito glicosídeos de esteviol pelo método de HPLC.

2.3 CARACTERIZAÇÃO DE GLICOSÍDEOS DE ESTEVIOL POR DIFERENTES TÉCNICAS ESPECTROSCÓPICAS

LC-MS é uma das técnicas mais importantes para a caraterização e separação de glicosídeos de esteviol de *S. rebaudiana*. Para a separação dos glicosídeos de esteviol, a LC tem utilizado colunas com NH2 (Liu. *et al.*, 1995 e Kolb *et al.*, 2001), C18, amida C16 e I-125 para análise de proteínas (Ahmed *et al.*, 1982) como fases estacionárias.

A deteção foi efectuada principalmente por UV (Ahmed *et al.*, 1982), depois por MS (Wang *et al.*, 2004) e, ocasionalmente, por amperometria pulsada e detetor de fluorescência. A separação dos glicosídeos de estévia também foi efectuada por eletroforese capilar (CE) (Liu. *et al.*, 1995) e CE em modo micelar. Entre outras técnicas, a cromatografia líquida em fase gasosa, a cromatografia em camada fina, a cromatografia em contracorrente de gotículas, a colorimetria, o ensaio enzimático e a espetroscopia de reflexão no infravermelho próximo também foram utilizadas para a determinação de esteviosídeo e glicosídeos de estévia (Nishiyama *et al.*, 1992; Crammer *et al.*, 1987). É necessária uma separação muito eficiente para uma caraterização fiável do extrato de estévia. A cromatografia bidimensional abrangente oferece um poder de separação muito elevado porque emprega duas colunas com diferentes mecanismos de separação. Na configuração abrangente, toda a amostra é analisada em ambas as dimensões. Para a caraterização dos glicosídeos diterpénicos doces em *S. rebaudiana*, foi utilizada a espetrometria de massa de ionização por electrospray e tempo de voo (ESI- TOF-MS).

O espetro de RMN de^{13} C do rebaudiosídeo F mostrou sinais típicos de um glicosídeo de esteviol com um padrão muito semelhante ao do rebaudiosídeo C (Sakamoto *et al.*, 1977). Tal como no caso do rebaudiosídeo C, foram observados picos atribuíveis às três unidades de glucose da aglicona. Os restantes picos do espetro indicam que o rebaudiosídeo F contém uma pentose em vez da hexose ramnose presente no rebaudiosídeo C.

A elucidação estrutural do rebaudiosídeo C utilizou técnicas de 13C-NMR, incluindo um método de transformada de fourier parcialmente relaxado, para ajudar na identificação das ressonâncias de carbono de unidades de açúcar individuais (Sakamoto *et al.*, 1977a). A elucidação da estrutura dos rebaudiosídeos D e E também utilizou experiências de 13C-NMR, bem como a hidrólise enzimática das unidades de açúcar e a saponificação alcalina dos açúcares ligados a ésteres (Sakamoto *et al.*, 1977b). O novo labdano foi identificado utilizando 1H NMR, 13C NMR, UV, e por saponificação do composto para produzir austroinulina (Darise *et al.*,1983). Os novos flavonóides foram identificados utilizando métodos padrão de espetroscopia UV e 1H-NMR, e espetrometria de massa (Rajbhandari *et al.*, 1983).

4.   FINALIDADE E OBJECTIVO DO ESTUDO

Os objectivos do presente trabalho, intitulado **"Isolamento e caraterização analítica dos principais glicosídeos de esteviol das folhas de _Stevia rebaudiana_"**, incluem

1. Isolamento e separação dos principais glicosídeos de esteviol do pó branco de esteviosídeo por meio de técnicas cromatográficas (cromatografia em coluna).

2. Identificação do esteviosídeo e do esteviolbiosídeo por TLC analítico.

3. Caracterização e elucidação da estrutura de moléculas isoladas por técnicas espectroscópicas (RMN, LC-MS).

4. Quantificação dos glicosídeos de esteviol de _S. rebaudiana_ por HPLC.

5.   TRABALHO EXPERIMENTAL

5.1 PRODUÇÃO DE GLICOSÍDEOS DE ESTEVIOL

As folhas secas de *S. rebaudiana* cultivadas na quinta experimental do IHBT foram utilizadas para produzir esteviosídeo branco em pó de acordo com a técnica de extração patenteada por Kumar *et al.*, (2006). O processo para a produção de esteviosídeos a partir de *S. rebaudiana* Bertoni envolve a secagem do material vegetal a uma temperatura entre 20 e 50º C, seguida de pulverização a uma malha de 20 a 400 mesh, a extração do material vegetal num solvente constituído por água desmineralizada e o aquecimento do conteúdo através da injeção direta ou indireta de vapor a uma temperatura entre 50 e 120º C a uma pressão de vapor entre 1 e 8 kg/cm^2 durante 0,25 a 4.0 horas, filtrando o material vegetal para obter um extrato aquoso, tratando o extrato aquoso com sal básico para formar um precipitado, filtrando o extrato tratado para separar o precipitado, tratando o filtrado claro separado com resinas de permuta iónica e, em seguida, secando o filtrado tratado para obter um produto contendo esteviosídeos com esteviosídeo na gama de 40 a 70%, utilizando água como único solvente durante todo o processo.

5.2 ISOLAMENTO E SEPARAÇÃO DOS PRINCIPAIS GLICOSÍDEOS DE ESTEVIOL DE *S. REBAUDIANA* ATRAVÉS DE TÉCNICAS CROMATOGRÁFICAS COLUMN CHROMATOGRAPHY

O isolamento e a separação dos principais glicosídeos de esteviol de *s. Rebaudiana* foram efectuados através de cromatografia em coluna e este processo envolve as seguintes etapas:

i Preparação da lama: Esta é a primeira etapa da cromatografia em coluna. Para a preparação da lama, a mistura de glicosídeos de esteviol (pó de esteviosídeo amorfo branco, 100 g) produzida pelo método acima mencionado foi dissolvida em metanol (MeOH) (100 ml) e depois misturada com 20 g de gel de sílica (fase normal, 60120 mesh). A pasta foi então completamente seca em banho-maria para que o pó de esteviosídeo fosse adsorvido ao gel de sílica.

Embalagem da coluna: Foi utilizado um tampão de algodão como suporte inferior para a coluna de vidro (ID= 90 mm, Comprimento=4 pés 5 polegadas). A coluna de vidro foi fixada verticalmente. O gel de sílica adsorvente (fase normal, 60-120 mesh) foi embalado na coluna uniformemente, utilizando n-hexano até atingir uma altura de 3 pés. Agora, a lama seca preparada anteriormente foi colocada no topo desta coluna de sílica-gel.

Solvente de eluição: Inicialmente, foi utilizado acetato de etilo (EtOAc) como solvente de eluição e, em seguida, a sua polaridade foi aumentada com MeOH. Foi mantido um caudal de 9 ml/min na coluna durante toda a experiência. Duzentos e cinquenta ml de cada fração foram recolhidos até 30% de MeOH em EtOAc. Posteriormente, foram recolhidas fracções de 100 ml até ao fim, como se mostra na Tabela 5. Todas as fracções recolhidas foram destiladas num evaporador rotativo sob vácuo de 1 a 200 bar a 55º C e a pureza dos compostos foi monitorizada por TLC da seguinte forma.

Quadro 5: A polaridade da coluna foi aumentada do seguinte modo

Sistema de solventes utilizado	Fracções	Sistema TLC
EtOAc	1-12	100% EtOAc
5% MeOH em EtOAc	13-26	100% EtOAc
10% MeOH em EtOAc	27-38	100% EtOAc
20% MeOH em EtOAc	39-44	EtOAc : Etanol : Água 80 : 20 : 10
30% MeOH em EtOAc	45-57	EtOAc : Etanol : Água 80 : 20 : 10
30% MeOH em EtOAc	58-280	EtOAc : Etanol : Água 80 : 20 : 10
50% MeOH em EtOAc	281-312	EtOAc : Etanol : Água 80 : 20 : 10
75% MeOH em EtOAc	313-365	EtOAc : Etanol : Água 80 : 20 : 10
MeOH	366-486	EtOAc : Etanol : Água
		80 : 20 : 10
10% H_2O em MeOH	487-491	EtOAc : Etanol : Água 80 : 20 : 10

CROMATOGRAFIA EM CAMADA FINA (TLC)

As placas TLC de 0,5 mm de espessura foram preparadas pelo método de espalhamento utilizando sílica gel G (50 g) em 100 ml de H_2O como adsorvente. As placas de TLC foram secas durante 40-50 minutos à temperatura ambiente e, em seguida, aquecidas a 110º C para a sua ativação. As soluções das amostras foram aplicadas como manchas individuais com a ajuda de capilares ao longo de um dos lados da placa, a cerca de 2 cm do bordo. A câmara de revelação (11cm x 11cm x 20cm) foi utilizada para a revelação das placas de TLC, utilizando o seguinte sistema de solventes.

EtOAc	:	EtOH	:	H_2O
80	:	20	:	10

As manchas separadas nas placas de TLC foram visualizadas mantendo as placas reveladas numa câmara de iodo (11cm x 11cm x 20cm) ou tratando as placas com um reagente de visualização (ácido sulfúrico a 20% em água).

A pureza de todas as fracções foi monitorizada por TLC e as fracções semelhantes foram agrupadas. As fracções agrupadas foram codificadas como **esteviolbiosídeo** (Fração n.º 39-44) e foram submetidas a **análises LC-MS e HPLC** para a quantificação do composto e **NMR** para a caraterização do composto.

Cromatografia em coluna

As fracções n.ºs 325-365 (75% MeOH em EtOAc), 366-377 (100% MeOH), 418-441 (100% MeOH), 474-486 (100% MeOH) e 487-491 (10% Água em MeOH), as misturas isoméricas de esteviolbiosídeo e esteviosídeo, foram reunidas e completamente secas. Estas fracções foram novamente purificadas por cromatografia em nova coluna. A coluna foi enchida com gel de sílica G com EtOAc. Inicialmente, a coluna foi eluída com EtOAc com polaridade crescente pelo método de eluição gradiente para o isolamento dos compostos a seguir indicados (Tabela 6).

Quadro 6: A polaridade do solvente foi aumentada do seguinte modo

Sistema de solventes utilizado	Fracções	Sistema TLC
10% MeOH em EtOAc	1-4	EtOAc : Etanol : Água 80 : 20 : 10
20% MeOH em EtOAc	5-79	EtOAc : Etanol : Água 80 : 20 : 10
25% MeOH em EtOAc	80-95	EtOAc : Etanol : Água 80 : 20 : 10
50% MeOH em EtOAc	96-102	EtOAc : Etanol : Água 80 : 20 : 10
MeOH	103-106	EtOAc : Etanol : Água 80 : 20 : 10

Cromatografia em coluna

As fracções n.ºs 5-18 (20% MeOH em EtOAc), 23-26 (20% MeOH em EtOAc), 40-73 (20% MeOH em EtOAc), 96-102 (50% MeOH em EtOAc) e 103-106 (100% MeOH em EtOAc), as misturas isoméricas de esteviolbiosídeo, esteviosídeo e rebaudiosídeo A, foram reunidas e completamente secas. Estas fracções foram novamente purificadas por cromatografia em coluna. A coluna (ID=30 mm, comprimento=2 pés) foi embalada com sílica gelG com EtOAc. Inicialmente, a coluna foi eluída com EtOAc com polaridade crescente pelo método de eluição em gradiente para o isolamento dos compostos como se segue (Tabela 7).

Quadro 7: A polaridade do solvente foi aumentada do seguinte modo

Sistema de solventes utilizado	Fracções	Sistema TLC

Acetato de etilo	1-10	1% MeOH em EtOAc
0,5% MeOH em EtOAc	11-15	1% MeOH em EtOAc
1% MeOH em EtOAc	16-20	1% MeOH em EtOAc
2% MeOH em EtOAc	21-25	1% MeOH em EtOAc
5% MeOH em EtOAc	26-30	1% MeOH em EtOAc
10% MeOH em EtOAc	31-35	1% MeOH em EtOAc
15% MeOH em EtOAc	36-40	1% MeOH em EtOAc
30% MeOH em EtOAc	41-45	1% MeOH em EtOAc

Cromatografia em coluna

As fracções n.º 10 (EtOAc), 11-15 (0.5% MeOH em EtOAc), 16-20 (1% MeOH em EtOAc), 21-25 (2% MeOH em EtOAc) e 26-30 (5% MeOH em EtOAc), 31-35 (10% MeOH em EtOAc), 36-37 (15% MeOH em EtOAc) e 42-45 (30% MeOH em EtOAc) as misturas isoméricas de esteviosídeo e rebaudiosídeo A foram reunidas e completamente secas. Estas fracções foram novamente purificadas por cromatografia em nova coluna. A coluna (ID=20 mm, comprimento=2 pés) foi enchida com sílica gel G com EtOAc. Inicialmente, a coluna foi eluída com EtOAc com polaridade crescente pelo método de eluição gradiente para o isolamento dos compostos a seguir indicados (Tabela 8).

Quadro 8: A polaridade do solvente foi aumentada do seguinte modo

Sistema de solventes utilizado	Fracções	Sistema TLC
10% MeOH em EtOAc	1-14	1% MeOH em EtOAc
10% MeOH em EtOAc	15-156	EtOAc : Etanol : Água 80 : 20 : 10
12% MeOH em EtOAc	157-194	EtOAc : Etanol : Água 80 : 20 : 10
15% MeOH em EtOAc	195-320	EtOAc : Etanol : Água
		80 : 20 : 10
20% MeOH em EtOAc	321-346	EtOAc : Etanol : Água 80 : 20 : 10
30% MeOH em EtOAc	347-374	EtOAc : Etanol : Água 80 : 20 : 10

50% MeOH em EtOAc	375-390	EtOAc : Etanol : Água 80 : 20 : 10
100% MeOH em EtOAc	391-414	EtOAc : Etanol : Água 80 : 20 : 10

A pureza de todas as fracções foi monitorizada por TLC e as fracções semelhantes foram agrupadas. As fracções agrupadas foram codificadas como **esteviosídeo** (fração n.º 350- 374) e foram submetidas a **análises LC-MS e HPLC** para a quantificação do composto e **NMR** para a caraterização do composto.

5.3 ESTABELECIMENTO DO PERFIL DE PUREZA DE MOLÉCULAS ISOLADAS POR HPLC

Produtos químicos: Todos os solventes para HPLC eram de grau analítico adquiridos de J.T. Baker, EUA. O padrão, *S. rebaudiana*, foi adquirido da Chromdex, Sigma, EUA.

Preparação das soluções de amostra: Dois mg de esteviosídeo branco em pó dissolvidos em 1 ml de fase móvel para HPLC consistiram em acetonitrilo: água (80:20 v/v), filtrados através de um filtro de 0,45 µm e desgaseificados durante um minuto.

Preparação de soluções padrão: Um mg de padrão de *S. rebaudiana* dissolvido em 1 ml de fase móvel de HPLC consistiu em acetonitrilo: água (80: 20 v/v) é filtrado através de um filtro de 0,45µm e desgaseificado durante um minuto.

Instrumentação para HPLC e condições cromatográficas

A análise por HPLC foi efectuada com a bomba de gradiente Waters HPLC System 600; amostrador automático Waters 717 plus; detetor PDA 996; software Empower Versão 2. A separação foi efectuada numa coluna NH2, (250 mm x 4,0 mm i.d., tamanho de partícula de 5 µm); Merck Made. A fase móvel era constituída por acetonitrilo: água (80: 20 v/v) em eluição isocrática com um caudal de 1 ml/min. O volume de injeção do padrão e das amostras foi de 10µL e o tempo de execução foi de 30 minutos. A temperatura da coluna foi mantida a 30º C. A deteção do analito foi efectuada utilizando um detetor de matriz de fotodíodos com um comprimento de onda de 205 nm.

5.4 CARACTERIZAÇÃO E ELUCIDAÇÃO DA ESTRUTURA DE MOLÉCULAS ISOLADAS POR TÉCNICAS ESPECTROSCÓPICAS (PONTO DE FUSÃO, LC-MS, NMR)

Foi seguido o seguinte protocolo para os compostos isolados:

Ponto de fusão

A identidade dos compostos foi investigada através do registo do ponto de fusão num aparelho digital de ponto de fusão (Barnstead Electrothermal).

LC-MS

A informação relativa ao peso molecular, fórmula e padrão de fragmentação foi obtida por LC-MS. A identidade dos compostos foi investigada através do cálculo do peso molecular e da fórmula por LC-MS

(Micromass Q-T de micro). As fracções purificadas a partir de metanol em acetato de etilo foram completamente secas no evaporador rotativo sob pressão reduzida 45 C e foram dissolvidas em ACN : H_2O (50 : 50v/v + 0,1 ml HCOOH).

RMN

As experiências de RMN foram realizadas no espetrofotómetro Bruker Avance 300. As fracções purificadas a partir de metanol em acetato de etilo foram completamente secas no evaporador rotativo sob pressão reduzida a 45 C e foram dissolvidas em piridina e a elucidação da estrutura dos compostos isolados foi submetida a espetroscopia de RMN como se segue:

^{1}H-NMR

^{1}H e foram calculadas as constantes de acoplamento.

5.5 IDENTIFICAÇÃO DE COMPOSTOS

A percentagem da quantidade do componente no material vegetal foi efectuada pela fórmula e a percentagem do componente pela fórmula foi comparada com os dados fornecidos na literatura. A fórmula utilizada para o cálculo da percentagem de quantidade no material vegetal é a seguinte

$$\% \text{ of quantity of component in white stevioside powder} = \frac{\text{Area of sample} \times \text{Wt of std} \times \text{Vol. of sample}}{\text{Area of std} \times \text{Wt of sample} \times \text{Vol. of std}} \times 100$$

6. RESULTADOS E DISCUSSÃO

As folhas secas de *S. rebaudiana* cultivadas na quinta experimental IHBT, Palampur, H.P. (Índia) foram utilizadas para produzir esteviosídeo branco em pó.

O pó branco de esteviosídeo foi submetido a estudos de isolamento, caraterização e quantificação para investigar os glicosídeos de esteviol de *S. rebaudiana*, o que deu os seguintes resultados que são discutidos abaixo.

6.1 ISOLAMENTO DO COMPOSTO POR CROMATOGRAFIA EM COLUNA

O pó branco de esteviosídeo foi sujeito ao isolamento de compostos por técnicas cromatográficas utilizando cromatografia em coluna. Foram isolados dois compostos diferentes utilizando gel de sílica de fase normal 60-120, que foram designados como compostos 1 e 2, respetivamente. O composto 1 foi isolado por cromatografia em coluna de fase normal.

Sistema de solventes: metanol a 20% em acetato de etilo.

Composto 1: Esteviolbiosídeo

Identificação do composto isolado por cromatografia em camada fina

Utilizaram-se placas de sílica pré-revestidas de fase normal para a coloração do composto isolado utilizando capilares finos e o TLC foi efectuado no sistema de solventes.

Acetato de etilo: Etanol: Água

80   : 20   : 10

A deteção foi efectuada por

a) Com câmara de iodo

b) Ácido sulfúrico a 20% como reagente de pulverização

O valor do fator de retenção (Rf) deste composto isolado foi comparado com o valor Rf do padrão. O valor Rf deste composto isolado indicou que se tratava de **esteviolbiosídeo**, como se mostra na Figura 19.

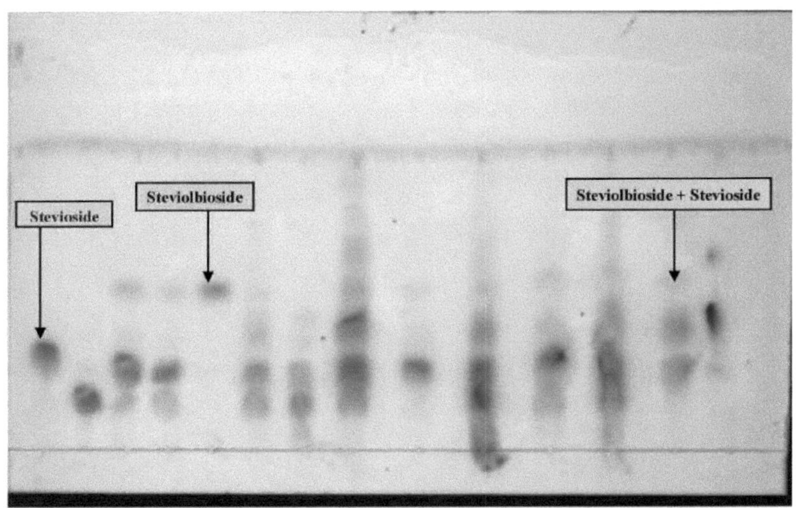

Figura 19: TLC do esteviolbiosídeo e do esteviosídeo

6.2 CARACTERIZAÇÃO E ELUCIDAÇÃO DA ESTRUTURA DO COMPOSTO ISOLADO POR TÉCNICAS ESPECTROSCÓPICAS

Ponto de fusão

O ponto de fusão foi determinado num aparelho digital de ponto de fusão (Barnstead electro thermal). Verificou-se que era de 188-192° C.

LC-MS

O esteviolbiosídeo foi obtido como um pó branco. O LC-MS do composto 1 em modo positivo mostrou um pico de ião molecular em m/z (M+H)$^+$ 643,7786 correspondente à fórmula molecular $C_{32}H_{50}O_{13}$, o que indica que se trata de esteviolbiosídeo, **como** se mostra na Figura A1.

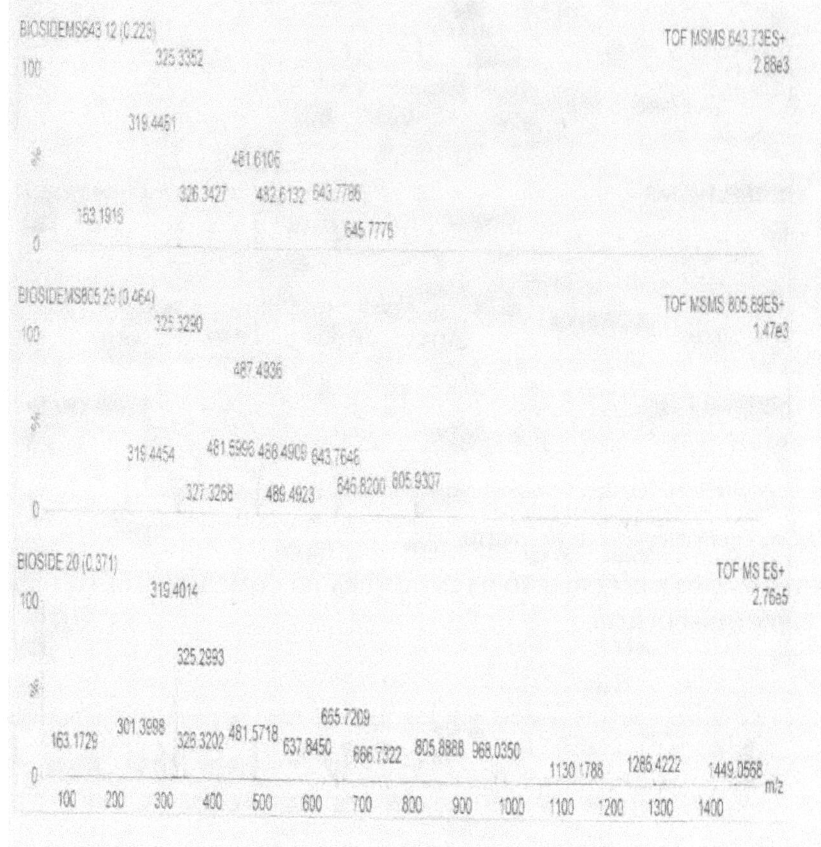

Figura A1: LC-MS do esteviolbiosídeo

RMN

O[1] H NMR do composto 1 revelou uma estrutura do tipo glicosídeo de esteviol. A comparação dos valores de RMN do composto 1 com os valores da literatura mostrou que se trata de esteviolbiosídeo, **como** se mostra na Tabela 9 e na Figura 20, Figura A2.

Figura 20: Estrutura do esteviolbiosídeo

Tabela 9:[1] H Dados de RMN do esteviolbiosídeo

Posição	Esteviolbiosídeo δH
1	2.31, 2.33
2	2.36, 2.39
3	2.41, 2.42
4	
5	2.46
6	2.65, 2.67
7	2.70
8	
9	3.43
10	-
11	3.50
12	3.53, 3.55
13	-
14	3.65, 3.67
15	3.72, 3.75
16	-
17	5.50, 5.52
18	5.55
19	-
20	5.62
C-1	6.32
C-2	6.36
C-3	6.37
C-4	6.40
C-5	6.43
C-6	6.80

C-1	7.00
C-2	7.02
C-3	7.11
C-4	7.13
C-5	7.14
C-6	7.17

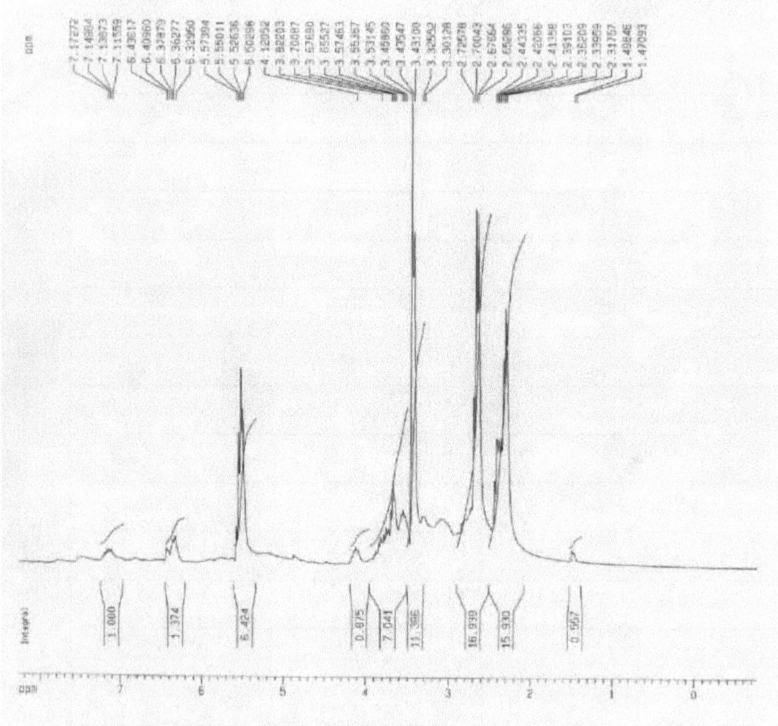

Figura A2: [1] **H Espectros de RMN do esteviolbiosídeo**

Composto 2: Esteviosídeo

O composto 2 foi isolado por cromatografia em coluna de fase normal.

Sistema de solventes: 30% de metanol em acetato de etilo.

Identificação do composto isolado por cromatografia em camada fina

Utilizaram-se placas de sílica pré-revestidas de fase normal para a coloração do composto isolado utilizando capilares finos e o TLC foi efectuado no sistema de solventes.

Acetato de etilo: Etanol: Água

80   : 20   : 10

A deteção foi efectuada por

a)   Com câmara de iodo

b)   Ácido sulfúrico a 20% como reagente de pulverização.

O valor do fator de retenção (Rf) deste composto isolado foi comparado com o valor Rf do padrão. O valor Rf deste composto isolado indicou que se tratava de **esteviosídeo**, como se mostra na Figura 21.

Caracterização e elucidação da estrutura do composto isolado por técnicas espectroscópicas

Ponto de fusão

O ponto de fusão foi determinado num aparelho digital de ponto de fusão (Barnstead electro thermal). O ponto de fusão foi de 196-198 oC.

LC-MS

O esteviosídeo foi obtido como um pó cristalino branco. O LC-MS do composto 2 em modo positivo mostrou um pico de ião molecular em m/z (M+Na)$^+$ 827.9604 correspondente à fórmula molecular $C_{30}H_{60}O_{18}$, o que indica que se trata de esteviosídeo, **como** se mostra na Figura A3 e na Figura 21.

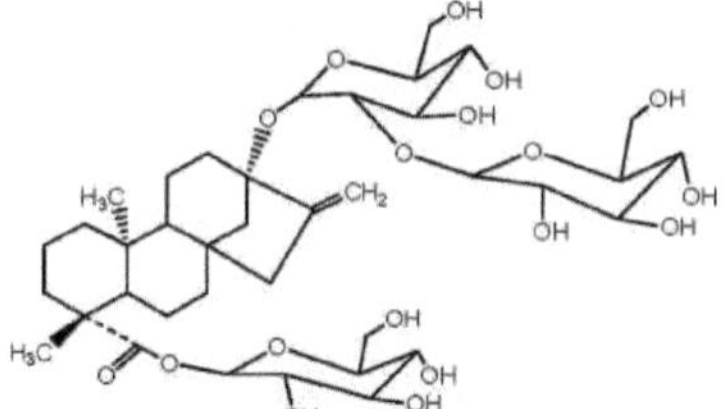

Figura 21: Estrutura do esteviosídeo

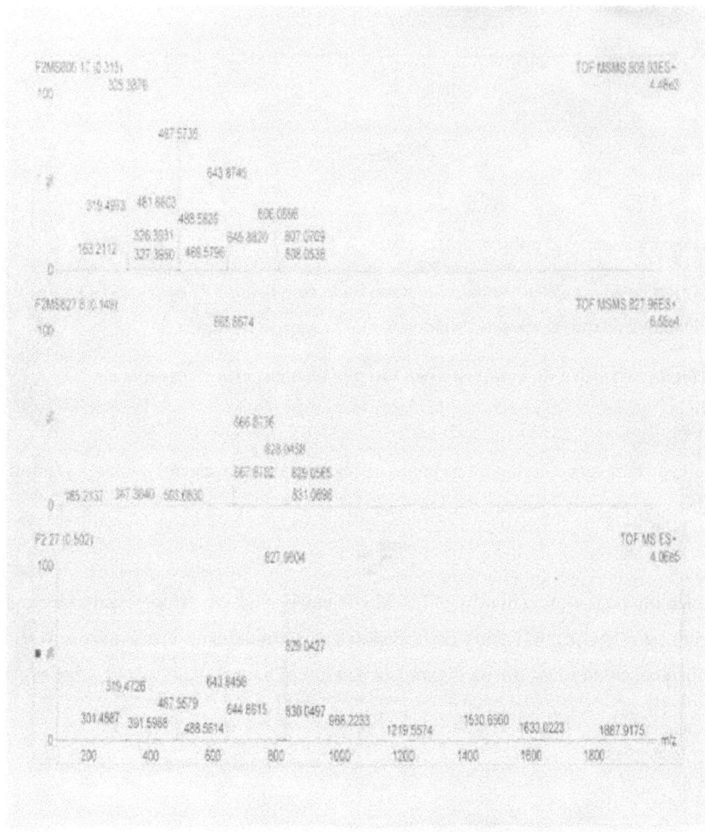

Figura A3: LC-MS do esteviosídeo

6.3 QUANTIFICAÇÃO DO COMPOSTO ISOLADO POR HPLC

A HPLC destes compostos foi efectuada para analisar a sua pureza, utilizando a seguinte fórmula:

Fórmula utilizada para o cálculo da percentagem de quantidade no pó branco de esteviosídeo

$$\text{% of quantity of component in white stevioside powder} = \frac{\text{Area of sample} \times \text{Wt of std} \times \text{Vol of sample}}{\text{Area of std} \times \text{Wt of sample} \times \text{Vol of std}} \times 100$$

A pureza do composto é analisada através da comparação do tempo de retenção (RT) com o padrão.

Composto 1: Esteviolbiosídeo

A percentagem do composto isolado foi determinada a partir do valor colocado na fórmula acima, que se encontra na Figura A4 e na Figura A5.

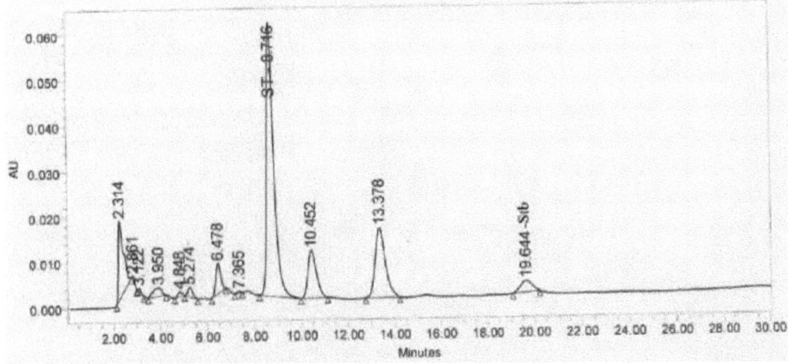

Figura A4: **Cromatograma de HPLC da amostra** (ST = Esteviosídeo, Stb = Esteviolbiosídeo)

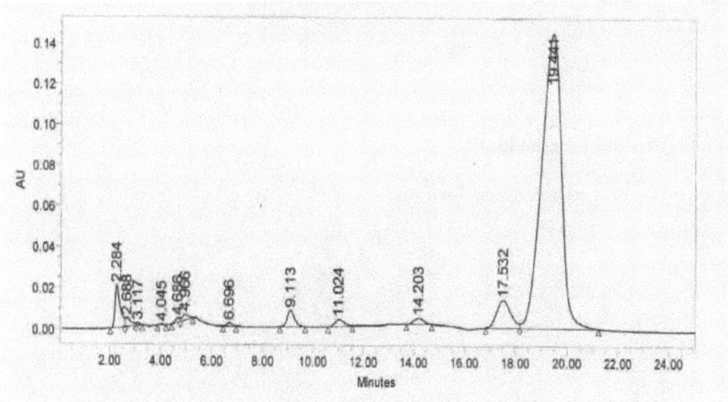

Figura A5: Cromatograma de HPLC do esteviolbiosídeo

A percentagem de esteviolbiosídeo no pó branco de esteviosídeo foi de 0,548%.

Composto 2: Esteviosídeo

A percentagem do composto isolado foi determinada a partir do valor colocado na fórmula acima, que se encontra na Figura A6.

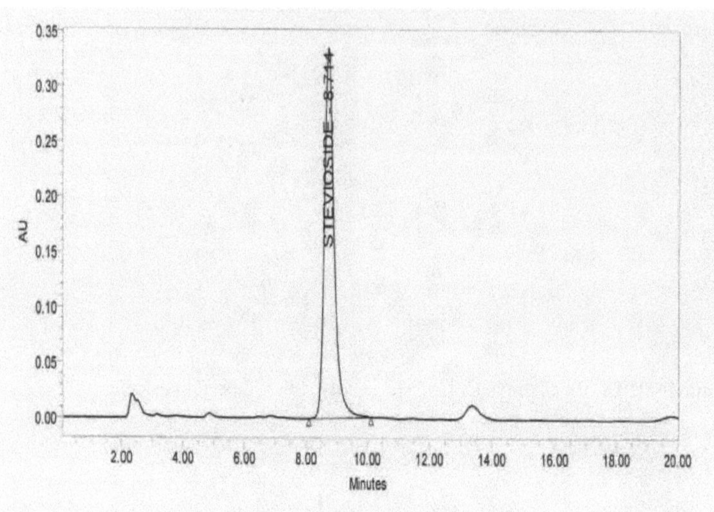

Figura A6: Cromatograma de HPLC do esteviosídeo

A percentagem de esteviosídeo no pó branco de esteviosídeo foi de 8,65%.

7. RESUMO E CONCLUSÃO

A estévia tem uma longa história de utilização como adoçante natural e como auxiliar medicinal. É estável ao calor, não é calórica e pode ser utilizada por diabéticos.

No entanto, a FDA dos EUA tem tido uma relação questionável com a erva, e foram levantadas questões sobre a segurança do extrato de esteviosídeo. No entanto, nunca foram registados ou documentados quaisquer efeitos adversos para a saúde, incluindo na Ásia, onde a erva é amplamente utilizada como adoçante. A estévia apresenta um grande potencial para o futuro, na agricultura e como alimento. A fotoquímica da *S. rebaudiana* tem sido estudada intensamente desde há décadas, tendo sido identificados compostos doces e não doces, sendo o esteviosídeo o mais abundante e o esteviolbiosídeo o segundo mais abundante. Estes dois glicosídeos de esteviol foram isolados utilizando a cromatografia em coluna de fase normal e quantificados por HPLC e caracterizados por técnicas espectroscópicas (NMR e LC-MS).

A estévia representa uma nova oportunidade tanto para os investigadores como para os agricultores. É necessária muita informação relativa às práticas de produção e ao controlo de doenças para otimizar a produção anual de transplantes para o Canadá. Aspectos básicos como o registo de herbicidas e fungicidas, épocas óptimas de plantação e colheita e recomendações de fertilizantes são essenciais. Uma vez que já existem mercados para a estévia, a produção e a otimização devem ocorrer em paralelo. A produção de níveis notavelmente elevados de uma classe de metabolitos secundários é de interesse significativo para químicos, bioquímicos e geneticistas e pode vir a ser uma base para a produção de novos metabolitos no futuro.

8. REFERÊNCIAS

Ahmed, M.S., Dobberstein, R.H., Farnsworth, N.R. 1980. *Stevia rebaudiana* I. Utilização de brometo de p-bromofenacilo para melhorar a deteção ultravioleta de ácidos orgânicos solúveis em água (esteviolbiosídeo e rebaudiosídeo B) na análise cromatográfica líquida de alta eficiência. *Journal of Chromatography*, **192:** 387-393.

Ahmed, M.S., Dobberstein, R.H. 1982. *Stevia rebaudiana* II. High-performance liquid chromatographic separation and quantitation of stevioside, rebaudioside A and rebaudioside C. *Journal of Chromatography*, **236:** 523-526.

Ahmed, M.S., Dobberstein, R.H. 1982. *Stevia rebaudiana* III. Separação por cromatografia líquida de alta eficiência e quantificação de rebaudiosídeo B, D e rebaudiosídeo E, dulcosídeo A e esteviolbiosídeo. *Journal of Chromatography*, **245:** 373-376.

Beyerinck, M. W. 1889. O princípio da TLC é conhecido há mais de 100 anos. *Zeitschriftfürphysikalische Chemie*, **3:** 110.

Brandle, J.E., Rosa, N. 1992. Hereditariedade para rendimento, relação folha-caule e teor de esteviosídeo estimado a partir de uma cultivar de *Stevia rebaudiana*. *Canadian Journal of Plant Science*, **72:** 1263-1266.

Bridel, M., Lavieille, R. 1931d. Sur le principe sucre du kaa-he-e (*Stevia rebaudiana* Bertoni) II. L'hydrolyse diastasique du stevioside. III. Le steviol de l'hydrolyse diastasique et l'isosteviol de l'hydrolyse acide. *Journal de Pharmacie et de Cbimie*, **14:** 321-328.

Bridel, M., Lavieille, R. 1931e. Sur le principe sucre du kaa-he-e (*Stevia rebaudiana* Bertoni) II. L'hydrolyse diastasique du stevioside. III. Le steviol de l'hydrolyse diastasique et l'isosteviol de l'hydrolyse acide. *Journal de Pharmacie et de Cbimie*, **14:** 369-379.

Chang, S.S., Cook, J.M. 1983. Estudos de estabilidade do esteviosídeo e do rebaudiosídeo A em bebidas carbonatadas. *Journal of Agricultural and Food Chemistry*, **31:** 409412.

Crammer, B., Ikan, R. 1986. Sweet glycosides from the stevia plant. *Chemistry in Britian*, **22:** 915-916 e 918.

Crammer, B., Ikan, R. 1987. Progress in the chemistry and properties of the rebaudiosides. *Em Developments in Sweeteners-3*, T.H. Grenby (ED), Elsevier Applied Science, Londres. pp. 45-64. 45-64.

Darise, M., Kohda, H. 1983. Constituintes químicos das flores de *Stevia rebaudiana* Bertoni. *Química Agrícola e Biológica*, **47:** 133-135.

DuBois, G.E., Stepheson, R.A. Diterpenoid sweeteners. 1984. Síntese e avaliação sensorial de análogos de esteviosídeo com propriedades organolépticas melhoradas. *Journal of Medicinal Chemistry*, **28:** 93-98.

Normas alimentares da Austrália e da Nova Zelândia (FSANZ). 2008. A aprovação dos glicosídeos de esteviol como aditivo alimentar em categorias alimentares específicas. (http://www.foodstandards.gov.au/standardsdevelopment/), agosto.

Gan, Z., Ernst, R.R. 1997. Desacoplamento heteronuclear modulado por frequência e fase em sólidos rotativos. Ressonância Magnética Nuclear de Estado Sólido. **8**: 153-159.

Hashimoto, Y., Moriyasu, M., Nakamura, S., Ishiguro, S., Komuro, M. 1978. Determinação por cromatografia líquida de alta eficiência dos componentes da estévia numa coluna hidrofílica. *Journal of Chromatography*, **161**: 403-405.

Hanson, J.R., De Oliveira, B.H. 1993. Esteviosídeo e glicosídeos diterpenóides doces relacionados. *Natural Product Reports*, **10**: 301-309.

Relatório de avaliação do Stevioside do Comité Misto FAO/OMS de Peritos em Aditivos Alimentares (JECFA) (Extraído do Relatório Técnico da OMS Série 891. 2000. Agente edulcorante: esteviosídeo,

http://www.info.gov.hk/fehd/textmode/safefood/report/ stevioside/who.html. junho.

Kim, S.H., Dubois, G.E., Marie, S., Piggot, J.R. (Eds), Avi, Nova Iorque. 1991. Natural high potency sweeteners. In: *Handbook of Sweeteners*. 116-185.

Kinghorn, A.D., Soejarto, D.D. 1985. Situação atual do esteviosídeo como agente adoçante para uso humano. In *Economic and medical plant research*. Academic Press London.

Kobayashi, M., Horikawa, S., Mitsuhashi, H. 1977. Dulcosides A e B, novos glicosídeos diterpénicos de *Stevia rebaudiana*. *Phytochemistry*, **16**: 1405-1408.

Kolb, N., Herrera, J.L., Ferreyra, D.J., Uliana, R.F. 2001. Análise de glicosídeos diterpénicos doces de *Stevia rebaudiana*: Método melhorado de HPLC. *Journal of Agricultural and Food Chemistry*, **49**: 4538-4541.

Kumar, J.K., Babu G.D.K., Kaul V.K., Ahuja P.S. A process for the production of steviosides from *Stevia rebaudiana* Bertoni. United States Patent App. Pub. No. US 2006/142555A1.

Leung, A.Y., Foster. S. 1996. Encyclopedis of common natural ingredients used in food, drugs and cosmetics. 2nd Ed. Nova Iorque, NY: Wiley.

Li, X., Ma, R., Su, H. 2006. Purificação rápida de huperzina A e B com duas resinas à base de poliestireno por cromatografia líquida preparativa de baixa pressão. *Journal of Liquid Chromatography & Related Technologies, 29:* 569-582.

Liu, J., Li, S.F.Y. 1995. Separação e determinação de edulcorantes de estévia por eletroforese capilar e cromatografia líquida de alta eficiência. *Journal of Liquid Chromatography, 18*: 1703-1719.

Metivier, J., Viana, AM. 1979. O efeito da duração longa e curta do dia sobre o crescimento de plantas inteiras e o nível de proteínas solúveis, açúcares e esteviosídeo em folhas de *Stevia rebaudiana* Bert. *Journal of Experimental Botany, 30*: 1211-1222.

Melis, M.D. 1999. Efeitos da administração crónica de *Stevia rebaudiana* na fertilidade de ratos. *Journal of Ethnopharmacology, 1:67(2)*: 157-61.

Mizukami, H., Shiiba K., Ohashi, H. 1982. Enzymatic determination of stevioside in *Stevia rebaudiana*.

Phytochemistry, **21**: 1927-1930.

Nishiyama, P., Alvarez, M., Vieira, LG.E. 1992. Análise quantitativa do esteviosídeo nas folhas de *Stevia rebaudiana* por espetroscopia de reflectância no infravermelho próximo. *Journal of the Science of Food and Agriculture*, **59**: 277-281.

Phillips, K.C. 1989. Stevia: steps in developing a new sweetener. *Elsevier Applied Science*, Londres. **3**: 1-43.

Rajbhandari, A., Roberts, M.F. 1983. The flavonoids of *Stevia rebaudiana*. *Jornal de Produtos Naturais*, **46**: 194-195.

Sakamoto, I., Yamasaki, K. 1977. Aplicação da espetroscopia C^{13} NMR à química dos glicosídeos naturais: rebaudiosídeo C, um novo glicosídeo diterpeno doce de *Stevia rebaudiana*. *Boletim Químico e Farmacêutico*, **25**: 844-846.

Sakamoto, I., Yamasaki, K., Tanaka, O. 1977a. Aplicação da espetroscopia C^{13} NMR à química dos glicosídeos vegetais: rebaudiosídeos-D e E, novos glicosídeos diterpénicos doces de *Stevia rebaudiana* Bertoni. *Boletim Químico e Farmacêutico*, **25**: 844-846.

Sakamoto, I., Yamasaki, K., Tanaka, O. 1977b. Aplicação da espetroscopia C^{13} NMR à química dos glicosídeos vegetais: rebaudiosídeos D e E, novos glicosídeos diterpénicos doces de *Stevia rebaudiana* Bertoni. *Boletim Químico e Farmacêutico*, **25**: 3437-3439.

Sakaguchi, M., Kan, T. 1982. As pesquisas japonesas com *Stevia rebaudiana* Bertoni. *Ciencia e Cultura*, **34(2)**: 235-248.

Schiffman, S.S., Booth, B.J., Warwick, Z.S. 1994. Adaptação de adoçantes em água e em soluções de ácido tânico. *Physiology & Behavior*, **55**: 547-549.

Sholichin, M., Yamasaki, K., Miyama, R., Yahara, S., Tanaka, O. 1980. Labdane type diterpenes from *Stevia rebaudiana*. *Phytochemistry*, **19**: 326-327.

Snyder, L.R., Glajch, J.L., Kirkland, J.J. 1988. Practical HPLC method development; J. Wiley & Sons: New York. 85-151.

Soejarto, D.D. 1982. Potenciais agentes edulcorantes de origem vegetal. III. Avaliação organoléptica de espécimes de herbário de folhas de estévia quanto à doçura. *Journal of Natural Products,* **45(5)**: 590-99.

Soejarto, D.D., Kinghorn, A.D. 1983. Potenciais agentes adoçantes de origem vegetal II pesquisa de campo para espécies de stevia com sabor doce. *Botânica Económica,* **37(1)**: 71-75.

Soliman, M.D.E. 1997. Planta Stevia, adoçantes naturais concentrados. *Sociedade Egípcia de Tecnólogos do Açúcar*, 28th Conferência Anual. 2-4.

Still, W.C., Kahn, M., Mitra, A.1978. Técnica cromatográfica rápida para separações preparativas com resolução moderada. *Journal of Organic Chemistry*, **43(14)**: 2923-2925.

Stobiecki, M. 2000. Revisão da aplicação da espetrometria de massa para identificação e estudos estruturais de glicosídeos flavonóides. *Phytochemistry*, **54**: 237-256.

Suzuki, H. 1977. Influência da administração oral de esteviosídeo nos níveis de glicose no sangue e glicogénio hepático em ratos intactos. *Nogyo Kagaku Zasshi,* **51(3)**: 45.

Tanaka, O. 1997. Melhoria do sabor dos edulcorantes naturais. *Química Pura e Aplicada*, **69**: 675-683.

Tanaka, O. 1982. Steviol glycosides: new natural sweeteners. *Tendências em Química Analítica*, **1**: 246-248.

Wang, L.Z., Lee, H.S. 2004. Coluna rápida. *Journal of* Mass Spectrometry, **18**: 83.

Yasukawa, K., Seo, S. 2002. Efeito inibitório do esteviosídeo na promoção de tumores por 12-0-tetradecanoforbol-13-acetato em duas fases de carcinogénese na pele do rato. *Boletim Biológico e Farmacêutico*, **25 (11):** 1488-1490.

Printed by Books on Demand GmbH, Norderstedt / Germany